樹的韌性

PETER WOHLLEBEN

彼得・渥雷本 著

曾鏡穎 譯

DER LANGE ATEM DER BÄUME

WIE BÄUME LERNEN, MIT DEM KLIMAWANDEL UMZUGEHEN –

UND WARUM DER WALD UNS RETTEN WIRD, WENN WIR ES ZULASSEN

CONTENTS

前言

森林和人類的命運，自古以來就是密不可分，這句話不是譬喻，而是如假包換的事實。聽在耳裡，我們可能覺得人類未來的命運，特別黑暗與充滿恐懼，事實上，我們還是有理由抱持希望。樹木能夠形成高效率的社群協作體，可以輕鬆應付目前的氣候變遷，更不用說：想要移除大氣層中的溫室氣體，樹木是我們的最佳選擇，甚至比任何科技都有效；不只如此，樹木還能夠調節區域性的氣溫，並且顯著地提高局部雨量。

樹木做這些事情並不是為了我們，而是為了它們自己。它們喜歡涼爽溼度適中的天氣，跟我們人類不同，它們靠自身就可以將空氣溫度往下調。以山毛櫸（Buchen）、橡樹（Eichen）和雲杉（Fichten）為例，這種適應環境的能力不是天生的，而是在長成大樹的過程中，一路上慢慢學會去應付詭異多變的大自然。另外，這個植物界的木本巨人，跟我們人類一樣，每個個體都是獨一無二的——所以，並不是每棵樹木的學習速度都相同，或是會歸納出相同的結論，並做出正確的選擇。

在接下來的閱讀旅程中，我會引導你們觀察樹木如何學習，還有為什麼對山毛櫸和橡樹來說，每次夏天的落葉不一定都表示出了問題。我還會告訴你們，如何看出哪些樹木做出了錯誤的選擇[1]。

科學家對於瞭解「樹的祕密生命」這方面的研究，目前已經有非常長足的進步。不過說實在的，我們目前知道的部分，只是剛把樹木神祕的面紗掀開一小角而已。像細菌或真菌這樣的微生物，其實一直沒有受到真正的重視，主要是因為還有很多的種類，未被正確的分類和鑑定。對樹木來說，這些惹人厭的小東西，跟人類腸子裡的益生菌一樣重要——沒有這些益生菌我們根本無法生存。在這個被忽視的小宇宙裡，有著許多令人著迷的新奇事物，向我們宣告每一棵樹都是一個生態系、一顆星球，上面住滿了許多神奇的生物。

我們把眼光放遠，樹木同樣能從宏觀的角度帶給我們驚喜：森林促進了大量空氣循環，將儲存在千里之外雲層的水分帶往內陸，然後在某個或許沒有森林，就只有沙漠的地區形成了降雨。

對於人類造成的氣候變遷，樹木不是被迫默默忍受的生物，它們反而是有能力改變自己居住環境的塑造者。還有，若是環境變化太大，它們也會依情況做出相對的回應與修正。

樹木需要兩個要素，來將自己調整到最好的狀態，以適應環境變化：時間與安定。人為干預只會讓這個生態系中的自然演替過程倒退，打擾森林新的動態平衡。現代的森林經營學，如何高度干擾這個生態系，相信大家在森林中散步，見證到這十幾

1 指的是算錯落葉時刻。編按：本書隨頁註皆為譯者註。

年來最大規模的伐木時，馬上就能心領神會。但是，一切都還來得及！森林在任何地點都可以迅速壯大擴展，只要我們不再去打擾它們。我們必須認知到一件事，人類不可能創造出一座森林，最多只能建立一座林場。我們能替樹木做的，就是放手讓森林自然演替。帶著不卑不亢的心態，與保持對大自然自癒能力的樂觀，人類的未來將會是一種顏色：綠色！

第一部 樹木的智慧

第1章 樹木搞不清楚季節？

炎熱乾燥的夏天，對樹木向來都是巨大的挑戰，因為它們沒辦法躲進陰涼處降溫，也沒辦法喝口冷飲緩一緩，至於動作快速做出反應，更是天方夜譚。所以對行動緩慢的樹木來說，提前制定整套精準的策略，是生死攸關的大事。那什麼才是精準的策略？還有，如果樹木的生存策略出錯，會發生什麼事呢？

威士賀芬鎮（Wershofen）北方街，我們艾費爾山脈[2]森林學院成立的地方，這條街的左側種了一整排紅花歐洲七葉樹（Rosskastanien）。這些紅花歐洲七葉樹為了應付去年二〇二〇的苦夏，採用了與歐洲其它樹木相同的策略：讓樹葉在八月時已由綠轉黃。更不用說在乾旱發生前，七葉樹已經連年遭逢打擊，因為持續向北方擴張的七葉樹潛葉蛾（Kastanienminiermotte），早在二〇〇〇年便已攻陷了北方街。

2 Eifel，德國西部一座由低矮的火山形成的山脈。

這種體型迷你的棕色潛葉蛾，原本是住在希臘與馬其頓，這兩個國家也是紅花歐洲七葉樹的家鄉。就如同其它引進的外來種，紅花歐洲七葉樹在七葉樹潛葉蛾入侵前，一直過著相當安逸的生活。德國跟它們心目中理想國度比起來，有點太涼了，但只要它們的「寄生蟲」沒跟著一起來到新地盤，七葉樹便可以怡然自得，日子過得好不自在。說實話，只要能免於七葉樹潛葉蛾的騷擾，溫度低一點真的不算什麼。

可是事情在大約在四十年前起了變化：這隻有翅膀的蟲子，跟著它的獵物揮翅飛向北方，然後牠們也在威士賀芬鎮定居下來。七葉樹潛葉蛾的行事風格，非常符合牠的大名[3]：幼蟲會「潛入」葉面，狼吞虎嚥的啃出蟲道。一切都由成蟲先在葉面產卵開始，幼蟲孵出後，隨之鑽入葉內蛀食，七葉樹潛葉蛾的幼蟲大吃大嚼到哪，葉面上彎彎曲曲的褐棕色紋路就延伸到哪。除此之外，幼蟲靠著樹葉保護，不用擔心成為鳥類的盤中飧，牠們更是恣意的大快朵頤，反觀樹葉被蛀掉的區域，隨著不斷的蛀食，卻變得枯黃、乾燥，幼蟲營養充足的長成第二代，又會接著產卵誕生第三代，隨著夏天一日日過去，樹木的健康情況便每下愈況。

在連續旱魃荼毒大地之前，北方街上七葉樹的部分樹葉，已被潛葉蛾蠶食鯨吞，現在又逢乾旱缺水，七葉樹的反應與其它樹木並無二致：首先暫停光合作用，再來小心觀望，看看旱情會持續多久。然而，樹木比我們更不懂得如何預測天氣[4]，所以它

---

3 Kastanienminiermotte，七葉樹潛葉蛾的德文 Kastanien–七葉樹，minier–挖礦，motte–蛾，作者意指七葉樹會像挖礦工人一樣，先鑽個井進入葉肉區，再吃出許多坑道。

4 指的是樹木界沒有天氣預報。

們早有腹案，沒有陷入恐慌，而是淡定從容，保持理智，準備沉著面對接下來的種種考驗。

第一招，樹木會關閉成千上萬的氣孔。這些氣孔位於樹葉的背面，像人類一樣會呼吸，也會在呼吸時呼出水氣；樹木呼吸時體內的水分會隨著呼吸作用蒸散流失。水分蒸發時，附近環境的溫度也跟著降低，於是這些綠色的巨大生物在炎炎夏日裡，便常常利用這個降溫效應，讓日子變得涼快一點。它們收到了根部傳來水分供給不足的訊息，便合上葉背的氣孔，暫時停止呼吸，因為二氧化碳的補給跟不上，光合作用也暫停，靠光能的糖分生產當然也得停工。此時此刻，正是努力轟隆轟隆開機生產糖分好過冬的良機，樹木卻不得不吃起自身的儲備養分。

驕陽持續烘烤著大地，樹木體內少量的水分，持續從樹葉、樹根和樹皮蒸發到空氣中，這時就該使用第二招了：先拋落一部分的樹葉。七葉樹與其它落葉喬木一樣，面臨這種情況時，依著從上到下的順序落葉，樹木先捨棄樹冠頂端，離根部最遠的葉子，若現在還將水分運輸到樹梢，實在是太耗費應該斟酌使用的寶貴精力。如果這招還沒奏效，老天也一直沒下雨，樹木便一步步從樹頂，一層層的往下拋落樹葉，於是才八月整棵樹上的葉子已凋零殆盡。

還好住在威士賀芬鎮的山毛櫸、橡樹或是七葉樹，都沒有走到八月就完全落葉的地步，除了一些例外。這些特例可能是它們本身個性比較膽小保守，另一個可能是，它們住的地方土壤含水量較低。總之，八月時候這些「異類」樹上已一葉不剩。

面對接二連三的打擊，北方街上的七葉樹幾乎毫無還手之力，七葉樹潛葉蛾在乾早來臨前，已嚴重削弱它們的活力，因為有著褐棕色斑紋的樹葉，只能生產少量的糖分[5]，七葉樹早就處於吃不飽餓肚子的情況中，況且它們還住在地勢較高的區域：北方街位於大概海拔六百公尺的高度，艾費爾山脈的氣候寒冷嚴峻[6]，植物生長週期相對短暫，所以此處七葉樹的糖分產量，常常只是略有結餘，因為這些糖分除了要維持平日開銷，還要存下來給正在逼近的冬眠，以及來年春天抽芽使用。七葉樹住在遙遠的異鄉，面對著比家鄉艱苦的生活環境，它們的糖分收支總量，常常出現捉襟見肘的窘境。現在七葉樹面臨連續第三個特別乾燥無雨的反常夏季，涵養在土壤中的最後一滴水，也蒸發殆盡了。

通常樹木在這種情況下會在九月落葉[7]，提早進入冬眠。我轄區內的山毛櫸，也遵守了這套標準策略，樹上只剩下枯枝了，看起來毫無生氣。不過，這些都只是表象，其實它們明年春天會再度抽芽，然後加班趕工，補上去年缺少的糖分產量，七葉樹也能採用提早落葉後，隔年春天再補足欠缺能量的方案，不過，北方街上有些性格謹慎膽小的七葉樹，在二〇二〇年八月時，樹葉已凋零殆盡，看來它們在評估落葉時刻上，決定下得太早也太倉卒了些。

終於，天氣之神大發慈悲，就在八月三十一號，艾費爾山脈的北方街上方，一部分的天空漸漸變暗，短短幾小時內，嘩啦啦的下了每平方公尺六十公升的雨量。這對

5 葉肉被吃掉後，葉片面積減少，也影響了原本的光合作用。
6 德國是溫帶國家，六百公尺高度的溫差跟平地有時會差十度到十五度。
7 德國落葉喬木通常在十月或十一月落葉。

已經乾涸的土壤雖然遠遠不夠，但至少幾十公分的表土區會再度變得溼潤，我希望這場天降甘霖，至少給了樹木一個喘息的機會。接下來的幾日，變得光禿禿的七葉樹，卻做出讓我驚訝萬分、乍看之下完全不能理解的決策：七葉樹開花了。如果樹木的糖分已經所剩無幾，絕對要避免浪費僅有的能量進行傳宗接代，特別是在秋天開花，如同竹籃打水，因為即使時間足夠讓每朵花授粉，七葉樹也來不及在冬天來臨之前結出果實，完成種子發育。

我那時正與一群受訓中的森林導覽員，走在往森林學院回程上，他們讓我注意到七葉樹開花的現象，我們交頭接耳好好研究了一番，得出了一個結論。謎底就是——七葉樹除了開花之外，嫩葉也抽芽了。原來七葉樹真的餓慘了！靠著枝椏間新抽的嫩葉，它們趕在夏末拚命生產糖分，增加糧倉裡的庫存，這個例子讓我們注意到，樹木似乎沒辦法單獨抽芽展葉，而是必須將所有苞芽（Knospen）連著花苞一起吐芽。

秋天開花的生存冒險

我把這個現象拍成一支小短片，上傳到臉書粉絲專頁與大家分享討論，得到了很多回響：很多其它地區的七葉樹也都發生同樣的情況。我在網路上找了一些資料想知道原因，有篇文章說，前年紅花歐洲七葉樹就已經出現秋天開花的現象，但這篇報導的解釋卻沒辦法說服我，文中提到因為氣候變遷，加重了樹木的生存壓力，更不用提潛葉蛾的危害以及真菌的感染，樹木已被逼到生死關頭，為了在死前，完成最後一次傳宗接代的使命，所以七葉樹在秋天又再度開花了。[1]*

這個解釋乍看之下合情合理，但是它的邏輯是建立在「樹木對四季交替渾然不覺」的前提上。秋天開花無法結果，因為離冬天降臨只剩短短幾週，誰要是做這種蠢事，就是白費力氣外加搬石頭砸自己的腳。然而過去幾十年，許多科學研究已證明樹木的生活作息，皆以白晝長短和溫度為依據，它們也能跟人類一樣，即使沒有月曆，仍可以按照自然時序過日子。關於這一點，我又找到一篇文章提供了似真非真的解釋：七葉樹搞錯了。[2]夏天的乾旱、暫時性的缺水以及被迫中斷的光合作用，讓樹木以為沙沙秋雨是徐徐春日，它們完全搞不清楚四季變化的時序了。

這個解釋實在是荒謬無比，因為我們應該也要從生物演化的角度，來探討這個現象。自然乾旱每幾十年時不時就會發生，紅花歐洲七葉樹如果這麼容易混淆，那它們到底如何演化超過三千萬年還長青不墜？一個物種若是常常做沒有任何益處又空耗體能的事，早就在碰到危機時體力不支，從生存競爭中被淘汰了。

上面的兩個解釋根本都無法成立。古人云，言此必及彼：七葉樹在秋天開花絕對—是—因為它們吃不飽，血糖低。不過它們的待辦清單上，卻遠遠不只有抽芽展葉（當然包括「被連坐」的花苞）這個任務，現在樹木正處於能量負平衡的狀態，孱弱無力，卻仍要拿出最後的儲備養分，萌芽張開「太陽能面板」重新開工，用以緩解冬眠前糖分吃緊的險狀，但是糖分入不敷出的情況依舊不見緩減，開春要用的苞芽，已

＊原書註以方括號標示，註釋內容請看全書末的〈資料出處〉。

臨危授命下匆忙上陣，為了避免來年陷入一絲不掛的尷尬境地，七葉樹除了需要動用僅存能量，再長出一批新苞芽補充以外，還得執行另一項勢不可免的任務：既然苞芽都是長在樹枝上，那它們也得奮力長出許多新枝椏來。

我再次強調這個觀點：樹木若因夏日緊急落葉，秋天反而餓肚子時，它們不只要展開嫩葉（再加上「被連坐」的花苞），還得育化出新枝條和新苞芽。樹木盤算著重新生產的糖分產量，應該可以熬過這個冬天，於是就賭一把冒險開工，可惜四季變化卻沒有為它們駐足，即使樹木心急如焚，形勢卻對它們愈來愈不利。九月開始，白晝已經愈來愈短，能夠行光合作用的時間也跟著愈變愈少。不僅如此，再過不了幾週，典型的溫帶氣旋季節即將到來，溫帶氣旋登陸帶來了降雨，讓大地可以喝個半飽鬆口氣，但是厚實的雲層也同樣遮蔽了陽光，彷彿樹木的處境還不夠艱難，氣溫一日低過一日，寒霜初現的晚秋快要到了。

我們從北方街七葉樹的身上，觀察到一棵樹在十月如何忙得團團轉。它要忙著撤回葉片裡的儲備養分，葉子隨之呈現黃色或茶褐色，它動作要快，因為一旦初冬霜降驟至，氣溫跌至攝氏零下五度，這個植物界的木本巨人，就會被迫進入冬眠，進而錯失落葉的大好時機，這也表示樹木錯過了把葉子裡珍貴的養分，搬進儲藏室的機會，而它們若猝及不防的進入休眠狀態，來不及產生木栓質，封住枝椏與樹葉的連結後落葉，最終通常只能百般無奈的掛著片片褐葉過冬，當冬天暴風雪來襲時，我常常看到許多樹木因風阻增加[8]，側向壓力太大攔腰折斷。

還好，多數北方街上的七葉樹都是模範生，在冬天前乖乖落葉，除了一些特別擔心不夠吃的樹木，在它們的同伴已換上金黃的秋色時，依然故我，綠葉如蓋，因為它們的糖分儲量還沒達到安全指標，便苦撐直至十二月中旬，嚴霜持續發威時才落葉，這實在是太晚了！依照統計，這些樹木統統都熬不過冬天，或在曼妙春天抽芽之前凋零，因為一年中樹木最耗體力的時刻，就是萌芽展葉之際：它們必須不斷向上泵水，讓全身充滿汩汩樹液，然後穿破蒙尖抽芽長葉，許多活力已衰退的樹木，面對這種生死存亡的考驗時，基本上是撐不下去，在劫難逃了。

還好，威士賀芬鎮上那些吃不夠的七葉樹有個童話故事般的結局：它們都在春天鼓起二度醞釀出的新苞芽，千辛萬苦的展開嫩葉，現在終於可以高枕無憂的開工生產了。

家族網絡的支援

七葉樹秋天開花萌芽的現象，幾乎在德國各處都可以見到，我在山毛櫸林裡卻一直沒看到，理論上，那兒應該也會有跟七葉樹一樣，存在算錯落葉時刻的個體，為什麼在山毛櫸林裡一棵也沒看到呢？依我推測，可能跟山毛櫸家族間，具有特別密切的

8 樹上還保有很多葉子，意味著受風面積大。

聯繫網絡有關。

山毛櫸透過它們地下交錯的根部網絡，互相支援糖液，幫助三餐不繼或奄奄一息的成員周轉能量。活力減退的山毛櫸，可能完全不需要重新萌芽，或重啟光合作用，可以依賴家族成員，便可輕輕鬆鬆渡過難關。我們回頭看看七葉樹，卻是截然不同的情形，它們遠離家鄉，被人類孤單的種在德國鄉下街道上，身邊沒有家族奧援，為了生存只能孤軍奮鬥了。

闊葉樹為了應付乾旱，發展出了一整套教戰守則，針葉樹卻是仍保留著從遙遠北方家鄉帶來的傳統習慣，這其實一點也不難理解，畢竟秋天落葉對針葉樹來說，跟喝水一樣簡單。首先，它們會先汰換年紀最大的那一區針葉，松樹（Kiefern）的側枝上，通常有三區年齡不同的針葉：今年的長在枝梢最前端，向後一點的區段是去年長出來的，離樹幹最近那區是前年長的。雲杉的側枝上，甚至會同時有六區段針葉，其實再多它們也留不住，因為沒有針葉想退休的話，樹木會直接切斷養分供給將針葉甩下。這時橙黃橘綠紛紛落下的針葉，讓我們以為是秋天來了——不，這只是個美麗的錯誤。

與闊葉樹的落葉「手法」相比，針葉樹其實是完全不遑多讓。當針葉樹遭受到乾旱壓力時，它們也是如法炮製落葉調節水分收支，第一步，同樣是先中止光合作用，再來拋下針葉減低蒸散面積，過去幾年的旱情發生時，只要待在我林區宿舍的花園裡，便可仔細觀察針葉樹應付乾旱的不同步數。乾旱時，我當然時時會替宿舍四周的花圃澆水，避免花園裡的植物枯死，從這些人工水分受益的不只蜀葵（Stockrosen）和廚房香草（Küchenkräuter），還有長在花圃附近的樹木，所以在二〇二〇年夏天熱浪來襲時，我們花園附近有棵一百四十歲的老松樹，依舊身強體壯屹立不搖。但不是所有的樹木，都有這種特別待遇，許多離花圃較遠的針葉樹，都因為長期乾旱，被迫提早扔下一整個區段的針葉。從外觀而論，掛著兩年份還是三年份的針葉，有著非常大的天壤之別——只剩下兩區段針葉的老松樹，樹冠變得疏疏落落，看起來就像剛剛被拔過毛的公雞一樣。我家花園裡的松樹，也像是我家門前的露天實驗室，我可以天天觀察記錄，針葉樹如何面對乾旱的種種反應。

樹根因應乾旱的指令

直到現在，我們都把注意力放在地表上，觀察樹木的地上部，其實乾旱發生時，土裡也有很多重要的事情發生，樹根在地下部扮演了最吃重的角色。樹根或許是樹木最重要的器官，因為它們的頂端有一團類似大腦的細胞，[3]樹根平常一邊暗中探索，一邊匍匐向前生長時，還能記錄溼度以及其它二十多種不同的參數，對了，它們得時時注意地心引力在哪個方向——畢竟這麼柔嫩的組織最好待在土裡，避免長出地面。樹根有了重力這個參數，土壤深處又一向被永恆的黑暗支配著，我們靠直覺思考，會覺得它們好像不需要用到「多餘」感光器，但是在傾斜陡峭的坡地，樹根還是偶爾會不小心長歪，穿出邊坡暴露於光天化日之下，還好樹根能夠感受亮度變化，所以馬上做出了適當回應，快速縮回黑暗的土中。樹根不只會被陽光嚇到，還會被有毒物質嚇跑，當它們突然碰上土裡的危險物質時，便會快速的（當然是指對根部來說）繞開這些有害物質再繼續生長。末了當它們集所有參數之大成後，樹木的生長方針也跟著拍板定案，例如，樹根決定了樹木該何時開花，或是一根枝椏上該長幾片葉子。[4]

畢竟火傘高張的夏日裡，最先警覺到溼度變化的器官當然是樹根，一旦水分補給不足，它們便非常盡責的立刻通過樹幹，往上送出訊息給樹葉，告訴樹葉何時該關閉氣孔，何時該停止糖分生產，以降低水分流失。

科學家也詳細研究了樹木的反應過程，他們在實驗室裡，以年輕的山毛櫸當對象，做了一個模擬乾旱的實驗。靠著這個實驗，科學家發現了，樹根專門負責控制樹葉的反應，如果乾旱來了，根部就會減少糖分的消耗——難怪根部再也沒有力氣往上泵水。另一方面，也因為根部暫時停止飲用美味的糖液，樹木地上部的組織細胞裡，內內外外都堆滿了糖分，所以樹葉也沒有地方開工生產了。換一個說法就是，氣孔一關，廠門也就拉下來了，所以樹木接下來只能靠著吃儲備養分過活，同時也會換成吸入氧氣，呼出二氧化碳的模式，所以夏天遭逢旱災的森林，也不再是「氧氧吧」了！但是乾旱過去後，卻發生令人詫異萬分的情況：樹葉會攝入比平常更多的二氧化碳，用來製造更多的糖分。也就是說，樹木會吃得比平常快，藉以提高產量，它們靠調節二氧化碳的「食量」，處理旱期引發的「糖糖危機」。[5]

那乾旱期間土裡的樹根到底在忙些什麼呢？樹根必須不斷的向前生長，才能保持在土中的活動力，營養液也會源源不絕從樹葉高處，向低處的柔嫩組織輸送，保證樹根有充足的能量來源。但是光合作用暫停後，或者是緊急落葉發生後，樹根就警覺到，忍飢受餓的苦日子來了。樹木現在必須非常仔細權衡風險，到底要不要讓樹根挨餓，因為一旦側根[9]餓死，即使乾旱過去雨季來臨，樹木不僅水分吸收的能力大幅下降，抓地力同時也被嚴重削弱，就如同我在二〇一八年親眼看到的一樣。

在一個下大雨卻無風的日子裡，我準備前往鄰鎮的森林學院，正在門口穿雨鞋，外頭突然傳來一陣喀啦喀啦的奇怪聲響，我抬起頭順著聲音傳過來的方向看去，一棵一百四十年左右的老松樹正在慢慢傾斜，最後轟隆一聲倒在花園的林棚上。我走到松樹旁，仔細看了看它的根盤：許多細根已乾枯受損。所以旱魃為虐的夏天，不單單影響了樹木的健康，也波及減弱了樹木的支撐力。

其實在悲劇發生之前，這個綠色木本巨人也曾調動以前風調雨順時的儲備養分，進行過背水一戰，一群來自芬蘭、德國和瑞士的科學家證明了這個現象。首先，他們靠著分析根部裡的碳元素，判斷側根的年齡，植物組織內部碳元素的年紀，可依碳元素裡的放射性碳同位素比例算出。空氣中有一部分的碳原子，好吧，大約每兆分之一的碳原子，會受到宇宙射線照射而轉為放射性碳14原子，[10]放射性碳14原子的半衰期是五千七百三十年。大氣中的放射性碳14原子一直在增加，而在植物組織內部，碳原子透過光合作用進入植物體內後，會慢慢被分解。這樣一來，放射性碳14原子在植物體內所佔的比例也會隨之慢慢下降。科學家便從大氣中放射性碳14原子比例，跟植物

---

9 側根上有大量的根毛，根毛負責吸收水分。

10 大部分的碳原子是沒放射性的碳12原子。

體內放射性碳14原子比例兩者之間的相關性，推算植物組織細胞的年紀。根據這個定年法我們得知，德國森林樹木的側根，平均年齡大約都在十一歲到十三歲左右。

聽起來太複雜？沒關係，想要調查側根的年齡有更簡單明瞭的方法：直接切開樹根便知分曉。樹根與樹幹都會不斷長粗，所以也會形成「年輪」。然而這個數「根輪」的方法，卻顯示了讓人大呼意外的結果：這些側根比碳14定年法測量的結果年輕十歲，所以說這些側根只有一歲到三歲——「數根輪」是絕對不會出錯的定年方法。研究人員進一步找尋原因發現，兩種測量方法之所以有這麼大的差異，與儲存在植物組織裡的「陳糧」大有關係。這些「陳糧」會隨著植物組織變老，[11]如果有天植物選擇靠吃「陳糧」長出幼嫩細根時，「陳糧」裡碳原子的原子鐘，已經比側根裡的碳原子多走了好幾年，所以兩種測量方法才會得到不同結果。[6]

你們已經知道了，樹木會準備存糧應急，但是這些養分可以在組織細胞內，深藏十年之久，直到危及存亡之際才被樹木拿出來，我也是第一次聽到。

科學家推測，以「陳糧」換取能量持續生長細根，可能是樹木為了生死關頭準備的錦囊妙計。即使連年乾旱，細根還是必須不停生長，以維持植物生理功能的正常運作，保有「陳糧」的樹木，會比其它同樣因苦夏停止糖分生產的樹木，佔有更多的生存優勢。

所以，我們家花園裡的老松樹，不一定是因為細根餓死才倒下的——或許它只是

11　指放射性碳14原子會繼續衰變。

沒在儲藏細胞裡準備好足夠的存糧，以至於地表下的生長停滯，或許它只是不懂得未雨綢繆，沒有考慮到苦日子來了怎麼辦，用起糖分來毫不手軟。畢竟艾費爾山脈區，不會常常出現連續三年夏季旱情，要是老松樹能夠事先學會適應乾旱，說不定它就可以活下來了。

樹木憑藉著過去的經驗，學到正確的新策略，不過它們也不是一定要親身走一遭修羅場，才能長智慧，它們也能靠著同伴或父母樹的指點，學會趨吉避凶的法門。為了更深入探討這一點，我們還是留在二〇二〇年炎熱乾燥的夏天，在我的威士賀芬鎮林區。這次我們移動到一座半天然的山毛櫸林裡——一座正在天然更新，並隨著時間慢慢演變成原始林。

第2章
樹木的千年學習

「終生學習」這套教育政策不是現代文明獨有的創舉，不，樹木早在幾千萬年，就建立了一套良好的學習傳統。樹木壽命長達千年，在激烈的生存競爭下，擁有學習能力是生死攸關的大事，相反地「短命」有機體，則可以靠著大量繁殖，或是基因發生突變後重組適應環境；例如住在我們腸子裡的微生物——大腸桿菌，在最理想的生存條件下，每二十分鐘就可以增殖一倍[7]——這樣的繁殖速度對樹木來說完全是痴「樹」說夢。這個植物界的木本巨人依樹種不同，最極端的例子要超過一百年才會性成熟，即使早熟的樹木如樺樹或楊樹，還是需要五年才會第一次開花。

森林裡自然的世代交替，只有在「國有土地局編列一塊空地」（Planstelle），開放競標之後，才會登場：高大魁梧的母樹傾倒，將樹冠層屋頂撕開一個大洞，光線和雨水再度直落地表，它的子孫終於等到了大好良機，拚命抽高以長成大樹。以德國典型的原生林樹種山毛櫸為例，世代更新的輪迴期，大約是三百年到四百年，所以樹木若靠改變基因來適應氣候變遷，實在是相當緩慢——慢到根本不切實際。

但是，只要我們拿自身的經驗對比一下，就知道適應環境不只有突變這一條路，還有其它方式。人類的基因在過去幾千年來沒有改變多少，但是我們卻在相對來說非常短的時間內，將我們的生活方式翻了一百八十度。人類的祖先累積經驗，然後靠不斷的學習適應了環境變化，他們並沒有改良基因，而是改變了行為模式，因為只有這樣才說得通，為什麼人類這個物種，不論是在冰冷的北極，或熱帶莽原（Savannen）都可以定居繁衍。長壽物種生存的訣竅，就是具備學習與傳承經驗的能力，樹木早就精通這兩項技能，你們可以在下一個出現乾旱的夏天，親自驗證一番。

向陽坡與背陽坡的生存壓力

我轄區內森林學院附近的老山毛櫸林，在二〇一八年和二〇一九年的夏季乾旱來襲時，表現得非常沉穩，而不屬於我轄區附近的人工經濟林，不管是雲杉或松樹，還是包括其它年老成熟的闊葉樹在內，都在八月把葉子統統拋落，跟位於保護區的老山毛櫸林比起來，完全是兩個世界，因為有著蓊鬱樹冠的遮蔽，山毛櫸林的光線仍然保持幽暗微弱，即使幾個月沒下雨，林下空氣依舊有著宜人的溼度，還帶著舒適的涼意。

然而隨著二〇二〇年，連續第三年夏季出現旱災，讓整個情況開始翻轉。七月初林相平穩，如同去年的翻版，八月一到，樹木卻漸漸承受不住一波接一波的熱浪，整片山林開始轉成黃褐色，並在短短三天內大量落葉。森林裡成千上萬的樹葉，在夏天像大雪般紛紛落下，是非常令人驚悚的畫面。看著這個景象，我就是在那一刻，開始為山毛櫸的未來感到憂心，特別是背陽坡的森林，它們受到乾旱侵襲的情形特別嚴重，背陽坡原本是山毛櫸林最佔優勢的生長地點，但是偏偏就是這區森林，病徵特別嚴重。

背陽坡跟向陽坡比起來，地表受到的日照時數比較短，再加上背陽的地勢，不僅長時間被樹蔭覆蓋，也常常籠罩於整座山的影子之下，所以背陽坡的地表平均溫度相對較低，水分蒸發得也比較慢，四處瀰漫著涼爽又溼潤的空氣：山毛櫸與橡樹都覺得這樣的日子最為快意。這種差異也表現在它們的生長情形上：背陽坡樹木平均比向陽坡樹木來得粗壯高大，因為光合作用沒有時常因高溫或乾旱中斷。簡單地說：背陽坡是樹木的天堂，至少在以前的時候是。

向陽坡若以樹木生存需求來分級，一向是讓樹木受盡委屈、吃苦當吃補的地點。面南的山坡，如同一塊朝南架設的大型太陽能板，整天都能接收日照，夏天若是有幾天氣溫創新高，雨水從向陽坡土壤裡與樹冠上快速蒸發，讓山毛櫸與橡樹很容易因為「中暑」，變得虛弱不堪。不只如此，它們行光合作用生產糖分的日子，也比背陽坡的樹木少[12]。換句話說：向陽坡樹木早就習以為常的高溫和蒸發率，因為氣候變遷的緣故，現在變成了背陽坡樹木要面對的殘酷現實。

12 因為太熱常常停工，所以日子反而比較短。

從樹葉轉成褐色的速度，可以看出樹木所受的生存壓力有多大。奇怪的是，向陽坡樹木樹葉變色不論在速度或程度上，卻明顯的比背陽坡還要輕微。它們在二〇二〇年的乾旱期間，也不是說毫髮無傷，不過這些對缺水見怪不怪的堅韌苦行僧，即時開啟了緊急生存模式，撙節用水後陷入「半睡半醒」之間，熬過了乾旱期。

一樣是八月酷熱的夏天，背陽坡樹木卻顯然對這場浩劫毫無準備，二〇一九年旱情的高峰期間，背陽坡因為陽光直射時間短，又常常籠罩於陰影下，土壤溼度保持穩定，即使到了隔年二〇二〇的七月，也沒有太大波動，誰知道樹木的儲備水分，卻突然在一瞬間將消耗殆盡。這一切之所以來得這麼快，是因為一棵成熟的山毛櫸，在炎炎夏日中最多蒸發流失掉五百公升的水分——一棵樹在水分補給已經來不及的情況下，沒及時踩剎車節約用水，老天也沒來個及時雨，它的腳下會在轉眼間只剩黃沙漫漫。後知後覺的樹根，偵測到突然發生的乾旱，想要轉換策略卻太遲了，樹木沒辦法突然施行嚴格控管水分的緊急計畫；現在它們唯一能做的，就是拚命緊急剎車減少用水了。

背陽坡樹木將節約用水的剎車踩到底，急忙的大量落葉以減少蒸散面積。我看著它們落葉的速度，就知道整個情況到底有多嚴重。樹木一下子在短短三天內，拋落了大部分的葉子，對它們來說簡直是動作神速。你們把這個速度跟秋天的正常落葉時程比較一下：樹木首先慢條斯理的從葉子裡，撤回負責行光合作用的葉綠素，把它分解後再儲存於樹枝、樹幹和樹根裡，這樣明年就不用多花力氣生產葉綠素。葉綠素被搬完了，樹葉上原本被蓋住的葉黃素就顯現出來，最後從容的確認一下，是否所有寶貴的養分都被回收後，樹木按部就班形成一層薄薄的木栓質，可以將葉子甩下的時機終於到來了。這整個過程通常都進行得不疾不徐，長達幾週以上，一直到十一月左右結束。

樹木真的是慌了手腳，才會在二〇二〇年八月時緊急落葉。山毛櫸一開始其實也按著秋天落葉標準程序來辦，但它們一下子就發現情況不妙，按部就班太慢了，跑流程時，讓更多的水分蒸發到了大氣之中，如果它再不試著力挽狂瀾，過不了多久就會渴死。

山毛櫸於是再度提高落葉速度，不只甩下茶褐色（養分已回收清空）的葉子，黃葉綠葉一股腦的往下丟。山毛櫸抛落綠葉，是非常嚴重的警訊，一棵樹若是把帶著寶貴養分的綠葉抛下，而不是先做好（例如秋天落葉標準程序）養分回收，通常很快就會有生命危險。因為樹木來年春天還要靠這些養分，從休眠中甦醒然後抽芽長葉，要是明年又發生乾旱，或是新一波病蟲害來襲，樹木沒有足夠的儲備能量應付這些危機，便也離死期不遠了，所以山毛櫸只有真的在生死存亡之際，才會壯士斷腕捨棄綠葉。

不過我們依舊可以在背陽坡樹木的驚惶失措之中，找出一點頭緒。它們會從樹冠頂端開始落葉，然後一層一層往下，最後才輪到低矮處的枝椏。這個策略對大部分的樹木來說，算是起了作用，因為不久後老天改吹北風，背陽坡直接迎向艾費爾山脈北方的潮溼空氣，山嵐升起聚集後，接著下起了傾盆大雨。這場大雨緩解了飽受乾渴之苦的山毛櫸，它們立刻叫停緊急落葉程序，甚至還推遲了正常落葉的時程——這在餓慘的樹木之間很常見，它們會在十一月才拋下僅存的葉子，而不是十月，因為這樣可以多吃一點糖分，並且為冬天多積攢些儲備能量。

樹木因乾旱生存壓力增加時，從遠處看起來比站在樹下瞻望嚴重。樹葉通常會從樹冠的最外圍那圈，開始轉成褐色，這就是為什麼從遠處望去，山毛櫸林和橡樹林的外圍已乾枯凋零，但是當你走進森林站在樹下時，你反而會被樹木內圈蓬勃的生機嚇了一跳，因為你在林中漫步時，觸目所及的是樹冠內部依舊欣欣向榮的綠葉，只有當樹木在八月時葉子就全部凋零，外加頂上一片光禿，才是真正進入了紅色警戒。

大多數威士賀芬鎮背陽坡的樹木，都安然度過了這個虛驚一場的乾旱。最重要的是，它們也學到了教訓：節約用水。在它們的餘生中，它們會撙節水分開支，不再把涵養於土壤裡冬藏的水分，在來年的春天一口飲盡。樹幹直徑變粗的速度也漸漸減緩，顯示了樹木改變了用水模式，即使未來乾旱都沒再度發生，它們因為過去的危機，學會了採用節約水資源的新策略──畢竟未來會發什麼事只有老天知道……

豌豆的學習能力

學習的定義是，生物個體透過經驗，行為上產生改變，「學習」就是長壽生物最為關鍵的生存訣竅。

植物具有能力學習複雜的事物，為了證明這一點我們先把樹木放到一邊，把焦點放在豌豆身上。這株豆類植物有一個「無樹可比」的優勢，它在實驗室裡比橡樹和山毛櫸容易操作。來自澳洲雪梨的生物學家莫妮卡．加麗亞娜（Monica Gagliano），訓練豌豆像訓練狗一樣，在一個科學家創造的人工世界裡，這個小小的植物向我們揭露了一個幾乎是不可思議的現象。她一定熟知歷史並知道伊凡．彼得羅維奇．巴夫洛夫[13]是誰，他專門研究狗的行為，當他餵飼料給狗時，狗群當然馬上大吃特吃，這時他會搖響一個小鈴鐺，什麼事情都沒發生。於是他改成先搖響鈴鐺，然後再餵飼料。結果他發現，在完全不需要餵食的情況下，只要聽到鈴聲，狗的唾液腺就會開始分泌口水。這整個過程被科學界稱為反應制約，即生物將兩種完全不相干的刺激產生關聯，這樣的反應制約也會發生在豌豆上！

莫妮卡．加麗亞娜先把豌豆放在黑暗中，讓它們餓一陣子。接著她會用藍光照射這個小小的植物，現在豌豆肚子餓得狠了，光線就是光合作用的能量來源，所以它們會立刻把葉片轉向光源處——或許你在家裡養的室內植物身上，也能觀察到這個行為。還不只這些，豌豆非常特別，或者說是個例外，在黑暗之中，它會把葉子再調回原始的位置。現在莫妮卡在開啟植物燈前，先吹進一陣清風，最後一個實驗步驟，就是讓植物繼續處於黑暗之中，然後沒開燈也向它們吹風。結果你猜發生什麼事——在黑暗中豌豆將葉片調向風吹過來的方向，因為它們預期，接下來光線也會從這個方向照過來，豌豆顯然能夠將光線與一個跟光合作用毫不相關的刺激（風）歸類在一起，換句話說：它們能夠理解事物間的關聯性。根據莫妮卡的研究，她推測大部分植物

---

13 Iwan Petrowitsch Pawlow（1849~1936），俄羅斯生理學家、心理學家、醫師。

都具有這種能力，[8]她的研究也顯示了這些綠色的生物，比我們以為的更聰明，更有能力學習複雜的事物，所以它們適應環境變化的能力，或許比我們目前以為的更為優異，現在我們再把焦點轉回樹木身上。

老橡樹的持續適應

樹木有多麼好學不倦，在德國梅克倫堡－西波美拉尼亞（Mecklenburg-Vorpommern）邦伊凡內克（Ivenack）鎮，有個令人印象特別深刻的例子。這棵夏櫟（Stieleichen）的樹幹粗短，樹枝長滿疙瘩，我們推測它的年紀大約在五百到一千歲之間——它算是德國最老的神木之一。這棵有著德國最粗壯雄偉樹圍的老橡樹，幹徑粗達三點四九公尺，體積一百八十立方公尺——這是德國目前平均樹幹直徑的三百六十倍。[9]

多數林務官普遍主張，年紀大的樹木不僅容易生病，經濟價值也低，因為它們的木材容易受到真菌感染後腐朽，伐木場無法將這樣的樹幹製成板材。多數轉成公務員的森林護管員也認為，這些「過氣的老漢」，對熱浪和乾旱適應力比較差，所以應該早早砍伐這些老樹，以年輕朝氣勃勃的「小鮮肉」代替，以上這個論點，根本是公眾關係部門編出來的謠言，用以掩護伐木業者躲過輿論監督，砍倒並運出粗大且價值不菲的老樹獲利。這也就是為什麼德國森林裡，已找不到真正的老樹了，老樹只存在於城市公園綠帶，因為這裡沒有人負責「經營」森林，樹木可以自由自在的做它自己，而不是被視為木材工廠的原料生產商。

伊凡內克老橡樹在氣候變遷發生前，它的日子其實就已經相當難過，畢竟住在人類建造的戶外野生動物園裡，沒有宜人的森林微氣候，所以與其它在自然森林裡的樹木比起來，它應該會特別短命，但結果卻偏偏相反，它居然成了德國最老的橡樹，我想這與它驚人的學習能力脫不了關係。

科學家也對這棵德國最老的橡樹神木產生興趣，特地將它從頭到腳研究了一番。電腦斷層掃描既可以用在人類身上，也可以用在樹木上，我們不用砍倒它，就可以對它內部情形一探究竟。科學家掃描這株橡樹神木之後，發現這個像「樂山大佛」般高大的樹幹，只剩了一層薄薄的外皮，樹心早已腐朽呈現中空，一個樹幹直徑約三點五公尺的「巨型雕像」，只剩六公分到五十公分厚的邊材獨撐大局，它局部的穩定性與安全性，受到了很大影響。這圈薄薄的樹幹邊材，不僅支撐了老橡樹全身的重量，還抵擋了強風的吹襲，外加把水分往樹冠高處運輸，回程順路更沒忘記把營養搬下去，所以老橡樹在二〇一八年的乾旱期間，變得虛弱無力，讓大家為它操足了心，你會覺得意外嗎？更不用說，這條過氣的老漢佇立於自然公園裡，自由自在生活於此的歐洲盤羊（Muffelschafe）與黃鹿（Damhirsche）在地上任意排泄，讓此區土壤氮素濃度增高，造成過度施肥效應，常常搞得老橡樹消化不良，無福消受這些多餘的養分，在增加老橡樹生存壓力上又添一筆。[10]

二〇二〇年夏天，第三個連續旱災的發生期間，安得利亞斯．羅洛夫博士（Dr. Andreas Roloff）非常擔心這棵老橡樹，決定對它進行健康檢查。診斷很快就出來：樹木非常健康！他評估了樹冠覆蓋率和樹枝生長情形後，判定這棵老當益壯的橡樹神木，處在它這個年紀的顛峰狀態。

為了得到更全面的數據，研究人員拋了擲繩，從這棵老橡樹夏櫟的樹冠上割取了兩個樣本，他們一看到這兩根枝椏上的葉子，卻驚訝到說不出話來，因為枝條上的葉子看起來更像無梗花櫟（老橡樹是夏櫟），也就是說，老橡樹上長著另一個品種橡樹的樹葉。仔細分析枝條樣木後，學者又有了更多驚人的發現：不只有樹葉，樣本上的果實也更像無梗花櫟的果實，除此之後，上面甚至還長著像庇里牛斯山櫟（第三種橡樹）的葉子，一棵夏櫟上長著至少其它兩種橡樹樹種的葉子與果實，到底是怎麼回事？

適應環境的變異

其實森林學術界長期流傳著一則理論，或許根本沒有無梗花櫟和夏櫟之分，從頭到尾只有一種橡樹，一種外觀長相會依不同地理環境變化的樹種。

夏櫟具有一個長長的果柄，所以它的德文俗名直譯叫作——有果柄的橡樹。夏櫟的葉子與無梗花櫟有些許的差異，但是這兩種樹種最大的差別在於生長地點，無梗花櫟喜歡住在乾燥的山丘或坡地，夏櫟則可以忍受長達數月之久的氾濫洪水，所以說它喜歡住在低窪地區，例如河谷。以上是森林學術界到目前為止，鑑別這兩種橡樹的主要依據，不過它們的葉子、果實特徵沒有很明顯的不同，在天然的森林裡非常難以分辨：這兩種橡樹也常常自然的交配授粉，它們的混血兒就帶有兩者特徵。

伊凡內克老橡樹的最新研究結果，也給了我們一個新的想法：有沒有可能，從頭到尾只有一種橡樹，不是兩種，一種外表會隨著地理氣候變異的橡樹。我們分析這棵老橡樹的基因後得知，這棵樹界中瑪土撒拉[14]的祖先，在冰河期消退後，從西班牙再度遷回來北方[15]。若是德國的氣候有一天變得足夠溫暖乾燥（如伊凡內克橡樹原本的家鄉），伊凡內克橡樹很有可能為了適應氣候變化，長出與庇里牛斯山櫟相似的葉子與果實，這樣一來也說明了，為什麼它在二〇一八年的乾旱後，居然還能從兩個更為乾燥炎熱的夏天，二〇一九年和二〇二〇年中復元。[13]或許這棵老樹，還擁有祖先在家鄉累積下來的智慧！

另一個可能是，我們正在見證一個新樹種的誕生，「見證」在這裡只是一個譬喻，因為這個過程可能需要幾千年，或許德國本土的橡樹，正處於分化出夏櫟或無梗花櫟的階段。這個解釋聽起來其實有點荒誕，因為混血橡樹在全德國上下到處可見，橡樹靠風媒授粉，清風徐來，花粉是隨風飄舞到幾公里外的任一樹種上，授粉交配完全沒有規律可循，不受控制——如果橡樹授粉的結果，只是隨機組合而成，怎麼可能無端產生一個新樹種？德國的動物世界裡，有個與橡樹相似邏輯困境的例子。小嘴烏鴉（Rabenkrähen）可能正在演化出一個全新的鳥種，小嘴烏鴉也能飛很遠，所以牠們理論上能和棲息地的任何烏鴉交配，然而牠們卻分化出另一種體色的鳥類——灰體小嘴

14 Methusalembäume，聖經裡記載最長壽的人。

15 歐洲大陸在過去發生過多次冰河期，每次冰河期擴張範圍都不一樣，所以作者說再度移民回來。

烏鴉。經過基因分析，小嘴烏鴉和灰體小嘴烏鴉其實是同一種鳥類，牠們也會相互交配繁殖，但是牠們主要分布區卻大不相同，在本地威士賀芬鎮的森林裡，見不著灰體小嘴烏鴉，而在易北河（Elbe）的東側，灰體小嘴烏鴉卻很常見，小嘴烏鴉反而不見蹤影。

雖然這兩種體色不同的烏鴉也會交配，形成半黑半灰的混血小嘴烏鴉，不過這個雜交不太常發生，想要知道原因的話，你只要仔細觀察家中飼養的雞和山羊就會明白：動物特別容易被與自己體色相近的另一半吸引。灰體小嘴烏鴉就是這樣一步步，被從群體中孤立隔離，未來有一天，牠們可能演化出全新的鳥種。

這個自然吸引力法則的解釋，用在橡樹身上卻說不通——隨風授粉的情況下，花粉沒辦挑東挑西，是這個雌蕊顏色好看，還是另一朵花比較香。最後只剩下一個可能的解釋，橡樹為了適應不同的地理環境和氣候變遷，花朵葉子果實的型態產生變異，不管是哪個解釋，兩種不同橡樹樹種的理論目前還沒辦法說服人。

代代相傳的智慧

伊凡內克老橡樹的研究，還揭露了一個我們意料之外的結果：原來即使德國最老的橡樹，依舊皓首窮經「枝」不離冊，持續學習以適應環境變化。你們在我的《樹的祕密生命》那本書讀到，樹木具有學習能力，也能記住理解學到的知識。當樹木活了一千年後，才累積了這麼多知識，那些年輕、剛剛被種下去的稚嫩樹苗，怎麼可能會比老樹懂得應付夏季乾旱，這個研究結果也是一個公開的呼籲，我們人類應該放手讓森林慢慢變老。

一輩子不斷的學習，可以累積很多知識。在人類的世界裡，我們會把這個知識用書本和電腦記錄下來，在史前時代，則是靠著口耳相傳，把知識傳下去。那樹木是怎麼傳承它的經驗呢？當樹木死亡的時候，是不是日積月累的知識也跟著消逝了呢？大家普遍的認知都是如此，直到有門新的科學研究領域，將這個課題好好的鑽研了一番，而且證明了：是的，樹木會將它的智慧傳給下一代。

第3章 藏在種子裡的智慧

在森林裡，或者應該說：在許多林場裡，經營業者突然慌了手腳，因為氣候變遷，熱浪與乾旱發生得愈來愈頻繁，持續期間也愈來愈長，我們要如何幫這些人工林做好準備呢？樹木具有學習能力，但是它們基因變異的時間軸非常漫長。突變指的就是遺傳物質重組後改變性狀，這種變異只會出在下一代的個體上。依不同樹種大概要等六百年左右，天然林裡的老樹才會慢慢死去——演替速度非常緩慢的樹木，與不斷加快的氣候變遷「車拚」，看來完全是緩不濟急。

許多動物——例如兔子——在繁殖與基因突變方面大大贏過樹木。兔子可以快速繁衍，雌兔才剛懷孕，孕期中就能再度受孕，所以雌兔每年會生個三四次小兔子，這也表示牠們有很多機會，在遺傳上發生變異以適應環境，但是突變發生就像是亂槍打鳥，常常失去準頭，不是特別管用——它畢竟只是基因複製時，讀碼所發生的錯誤。大部分的突變對生物無害，如果萬一哪天有個突變碰巧打中靶心，表現出來的性狀，卻常常對個體有害，所以樹木若只單單指望命運，希望那天突變恰好演化出，能夠完美適應目前環境氣候的後代，可能要等個幾千年。或許，我們應該別把希望寄託在「運氣」上，而是直接加快整個過程？至少我們人類就這樣做了：我們將經驗口耳相傳，或是寫下來留給子孫，接著我們改變了生活習慣，而不是把希望放在基因突變上。可是，樹木間沒有文字，至少沒有傳統定義上的文字，儘管如此，樹木還是找到了方法，將它們想要傳承的訊息「寫」了下來，寫在遺傳物質之中。在我們瞭解樹木怎麼薪火相傳之前，我們先把時光倒流，回到第二次世界大戰之後。

隨環境改變開開關關的基因

幾十年前科學界一直認為，基因只能透過突變產生重組，生活經驗不會造成任何性狀的改變。任何學到的經驗，只能靠口耳相傳，或是透過對下一代的教養，不斷的傳承下去，然而，在第二次世界大戰發生後，科學界改變了這個理論的認知。一九四四至一九四五年的荷蘭冬天，德國切斷了食物運輸的管道，造成大飢荒，許多荷蘭人只能靠糧食配給過活，生活在飢荒時期的孕婦，她們的新陳代謝也調整成了「飢餓模式」，最後這個改變間接傳給了肚子裡的嬰兒。二戰之後，新局勢下糧食供給充裕，這群熬過飢荒婦女所生的小孩，長大後的健康狀況，居然比一般人還要差。科學研究也證明了，這群人容易過重，而且跟其它大部分的荷蘭人比起來，更容易得到不同的文明病。[12]

你身體的每個細胞都可以告訴你，並不是只有基因序列才會決定我們的長相和身體機能。每一個細胞裡，都包含了製造人類的完全手冊，這些訊息以螺旋壓縮的方式存在DNA上，這些DNA攤開來足足有兩公尺長——從分子的角度來看，這個長度足夠承載海量的訊息。人體指揮中心製造你身體每個部位時，只需要解碼這些訊息中的一小部分就行了，這就是你的手長得跟你的大腦不一樣的主要原因。但是，身體是如何做到在生長或是修復傷口時，只在正確的位置形成所需的細胞呢？這時候我們就要談談什麼是表觀遺傳學了，這門學科主要在研究遺傳上的調控機制，哪些基因會被活化，哪些基因應該關閉失效。我們的DNA，如同一本百科全書，裡面記載了關於建造人體的所有知識，表觀遺傳的作用則像一張書籤，告訴細胞應該快速翻到哪一頁，讀取人體建造手冊開始複製。

甲基的作用，就是專門負責在DNA標上「書籤」，活化特定DNA位置上的基因，我們的遺傳表觀便隨之改變[16]。這些書籤位置，也會被我們自身生活經驗影響，就像前頁提到荷蘭大飢荒的例子。

慕尼黑科技大學的科學家，用一棵高齡的楊樹做實驗，證明了樹木會將學到的技能傳給後代子孫。這棵三百三十歲的老樹，它的一生持續適應環境變化，例如它會將乾旱發生或是非常大的日夜溫差種種經歷，寫進基因裡。那我們如何得知，楊樹界瑪土撒拉的遺傳性狀因此改變了呢？方法非常簡單——摘下幾片離樹幹最遠，也就是長

16 但是沒有改變DNA的遺傳序列。

在枝梢的葉子，送進實驗室進行分析即可。樹枝隨著時光流逝，不僅會漸漸變老，也會愈來愈長，樹枝年紀最老邁的部位，離樹幹最近，最年輕的部位則位在枝梢，離樹幹最遠。過去幾百年來，如果這株老楊樹不間斷的學習，基因開開關關，個體表觀產生了變化，那我們想要找到的性狀大幅改變證據，一定就位在樹枝末梢新長出來的組織，所以科學家便摘取此處的樣本進行分析。

果不其然，學者分析樣本後，他們的假設得到了證實：一根枝椏上兩個不同的部位距離愈遠，它們細胞裡的「書籤」也離得愈遠。這棵楊樹上，不同樹枝部位的基因性狀變化速度，比正常世代交替下，基因突變產生的性狀變化速度，至少快了一萬倍。而且研究人員還發現，樹木不只將累積下來的性狀變化（或是說新的經驗）傳給直系後代，而且傳給它們每一代的子子孫孫。[13]此外，樹木每年都會開花結果，也就是說，每一代的種子，都攜帶了樹木每年為了適應不同氣候所開啟或關閉的性狀（智慧）。

我們怎麼知道樹木有沒有從父母身上，學會應付環境變化呢？做這樣的研究雖然有點麻煩，但是不難。瑞士森林冰雪和地景科研部的學者，用松樹林進行一項實驗，他們從二〇〇三年起，就對某塊特定的森林澆水，住在這裡的松樹什麼都不缺，過著被水慣壞的優渥生活。十年之後，學者停掉了其中一部分林地的人工水分。最後，他們蒐集了水分優渥樹木的種子，和看天吃飯樹木的種子，統統種在了溫室裡。研究結果是：看天吃飯樹木的樹苗，比被水寵壞樹木的樹苗，能夠從容應對缺水的考驗。這是第一個科學證據證明，樹木能夠將它們所學到的知識傳承給下一代。[14]

在另一個類似研究裡，樹木必須出遠門才有辦法進行。這次的實驗對象是奧地利出生的雲杉，被種在了更寒冷的挪威，當這些雲杉長大，生殖繁衍的後代，也同樣展現了學習能力：奧地利雲杉「樹苗小孩」的抗冰霜耐力，可以跟「原住民」挪威雲杉媲美。這個學習能力，在相反的情況下也可以得證：科學家把挪威雲杉種在偏南比較暖和的地區，發現它們適應了溫暖的氣候後，授粉繁殖產生的後代，跟挪威母樹比起來，抗寒力相對變差了。[15]

樹木非常長壽，世代交替的過程年深日久，所以它們遺傳性狀改變的速度，應該也是慢慢吞吞，但是這個懷疑論點並沒有得到證實。事實上，父母樹直到嚥下最後一口氣前，依舊活到老學到老，不只仍然不斷學習新的生存策略，還把年年累積下來源遠流長的知識，統統「寫」進了種子裡，這樣一來，它們的後代不用從零開始，便可避免犯下同樣的錯誤——感謝表觀遺傳學。所以父母樹的長壽，再也不是樹木的生存劣勢，反而成了優勢：樹木愈老就愈有智慧，它們產生的後代對環境變異的適應力就愈強，父母樹經過千年來的學習，見多識廣，讓後代子孫受益匪淺。我們現在再回頭，將樹木與繁殖快速又多產的兔子對比一下：兔子的壽命大約十年，所以牠們很難透過表觀遺傳，累積足夠的智慧給下一代——在這一點上面，樹木卻是佔了絕對的上風。

樹枝末梢顯示了，樹木一生經歷了哪些大風大浪——剛剛長出來的枝椏部位，濃縮了老樹一生的深厚學識。前面提到的例子，伊凡內克老橡樹，已累積了非常可觀的千年智慧，更不用說它的葉子，竟然還會從夏櫟（喜歡潮溼環境）「變形」到無梗花櫟

（喜歡乾燥環境），這個現象通常也只能在樹冠頂梢找到——也就是樹木最年輕的部位。這點引起了我極大的興趣，我非常想知道，從枝梢橡實中長出的樹苗，會不會比年老枝椏上橡實中長出的樹苗，更能夠適應乾旱？希望科學界能夠繼續做追蹤研究，若是我的假設被證實了，那我們就可以說，樹木適應氣候變遷的速度之快，遠遠超出我們的想像。至於樹木動作夠不夠快，則是看人類不斷的破壞環境，氣候變遷加劇的速度而定了。

山毛櫸與橡樹都喜歡涼爽溼潤的氣候，所以火傘高張的夏季旱情，最常讓我們感到憂心忡忡，不過缺水的夏天，可能不是主要的問題所在，你們在下一章就會讀到我為什麼這麼說。

第4章 樹木喜歡喝 哪個季節的水？

恰到好處的溼度，也無風雨也無晴：只有在這樣的天氣狀況，才能讓我放下心中的大石頭，不去想樹木在外頭過得好不好。如果冬天溫帶氣旋登陸，我便坐立難安，一邊看著已被強風吹歪，吱吱嘎嘎的樹冠，一邊在心中祈禱，不要有太多樹木倒伏；如果夏天特別酷熱，我則對已經口乾舌燥的雲杉擔心不已，希望它們不要被樹皮甲蟲察覺，大舉進犯；即使在暖和適合植物生長的季節裡，偶爾出現的雷雨雲系，帶來了豐沛降雨，我仍感到心煩意亂，闊葉樹種為了應付溫帶氣旋，冬天已優化樹型甩落葉子，將風阻面積減到最小，不會像常綠針葉樹那樣容易被吹倒，但是打雷閃電出現時，也常常伴隨短暫但是強大的陣風，這時我就沒這麼樂觀了：夏天的山毛櫸與橡樹，此時風華正茂，綠葉滿冠，很容易被突如其來的颶風吹彎了腰，闊葉樹種傾倒或攔腰折斷的悲劇，常常就是在這種天氣上演。

你現在就知道，當林務官想要為樹木操心的話，理由多到不勝枚舉。不過我讀了蘇黎世聯邦理工學院對夏天乾旱的研究後，我的煩惱變得少一點了。來自這個學院的學者，調查了瑞士一百八十二個林區的降水情形，他們想知道山毛櫸、橡樹和雲杉，夏天主要是飲用哪個季節的降水，想也不想我們會依直覺回答：「當然是夏天啊，不然呢？」然而讓人出乎意料的答案是：樹木喝的大部分是來自於冬天的降雨！對樹木來說，溫暖季節的降雨沒有那麼重要，重要的是，在寒冷月份裡降下了多少雨量。

不過在我們繼續討論這個研究結果之前，我們不禁想要先知道：該如何判定樹木喝的雨水來自哪個季節？

首先，我們必須先能夠分辨，冬天和夏天的降水有何不同。為了釐清這一點，學者在土裡埋下許多測滲儀（Lysimeter），專門蒐集土表下方一百二十公分的降水。夏天降水的化學成分跟冬天降水不同，而且它們也被貯存在不同的土壤構造裡，那我們如何得知，樹木是喝了哪個季節的水分呢？非常簡單——我們分析樹梢枝條內，所含水分的化學屬性。好吧，其實沒有那麼簡單，因為我們得動用到直升機，將一位技術人員吊在半空中，讓他從樹冠上剪下研究所需的樣本。樣本分析報告顯示：夏天烈日炎炎之際，山毛櫸與橡樹主要飲用的是冬藏水分，雲杉則是隨便什麼季節的水都喝。

現在我們順著這個想法繼續推理，樹木必須喝冬季的儲備水分，一定是因為夏天的雨量太少。這個實驗在瑞士進行，瑞士雨量分布，偏偏與上述假設相反——因為瑞士全年雨量的百分之五十八，都在溫暖的季節落下。另外，若跟著這邏輯走，不同樹種間，也不應該出現飲用不同季節水分的情形才對。

研究人員對於闊葉樹種和雲杉吸收不同季節水分的現象，提出了一個解釋：科學家認為，雲杉通常直接從粗大的土壤孔洞豪飲，橡樹與山毛櫸則沒這麼瀟灑不羈，它們會優雅地小口啜飲土壤深層微小孔隙的水分——即使這些樹種都住在同一座森林裡。如同部分林務人員很早就懷疑，不同樹種的樹根，位於同樣的土壤深度時，也不會伸入對方領域搶水。這份研究也間接說明了，為什麼冬季的降水與夏季的降水，會被分開儲存在不同的土壤結構裡。大部分夏天的降水，通常會立刻被樹木吸收，或是很快再度蒸發到大氣中，對於冬季的降水，土壤則有的是時間，可以從容不迫慢慢吸收，潤物細無聲的填滿了土壤深處所有孔隙[17]。[16]況且樹木正在冬眠，對水分的需求幾乎等於零，依不同的森林土壤質地，每平方公尺的土壤，最多可涵養至兩百公升的水分。[17]

寒冷季節的降雨至關重要

因為這個最新的發現，我們迫切需要重新考慮兩個觀點：第一點，要知道德國本土樹種過得好不好，應該把焦點放在冬天雨量多寡上。因為氣候變遷，德國冬天持續變短，所以冬季雨量當然也跟著減少，根據德國聯邦環境部的統計，自一九六一年起，德國寒冷的時節已經平均短少了十四天。[18]

第二點，伐採原木時若使用重達七十公噸的林木收穫機，被碾過的土壤孔隙會受

17 因為冬天氣溫低，蒸發率也低，所以不急，時間很多。

到嚴重破壞，如何在伐木效率與保護森林土壤取得平衡，常常令人進退維谷。林木收穫機與土壤間的交互作用，就像被重物壓扁的海綿，但是森林土壤跟海綿不同的地方在於，收穫機開過去後，土壤裡的孔隙不會像海綿一樣彈回去——永遠也不會。林業道路路面經過重機械碾壓後，地表的雨水無法順暢地往土壤內部滲透，長期下來也導致了德國寒冷時節期間，土壤中無法蓄積足夠的水分，可以讓樹木全年暢飲解渴。

機能健全的森林土壤，具有良好的排水與涵養水源的功能，乾旱時節這些功能會變得特別珍貴，因為土壤蓄積了上一個冬天的水分，變成了樹木的緩衝調蓄池——土壤像是樹木的天然地下水庫，靠此樹木可以調節供水度過夏天。

現在我們不妨用全新的眼光來審視，關於秋天樹木落葉的現象。到目前為止，我們始終認為，落葉的主因是樹枝要減低負荷，例如枝條上若有積雪，一旦吸收了空氣中的水分，變成了又溼又重的溼雪，會大量增加還帶著葉子側枝的荷重，若樹木無力承擔多餘的重量，粗大的側枝可能斷裂，或是整棵樹因此失去平衡傾倒，所以冬天落葉的樹木，比較能抵抗溫帶氣旋的肆虐，因為它沒有給暴風太多面積產生阻力。

然而根據最新的研究顯示，樹木為什麼落葉，降水截留這個因子，似乎也是其中的關鍵。截留指的就是一部分的降水，滯留在林冠層——其實是相當大的一部分！截留的水分直接從葉面蒸發到大氣中，完全沒有落到土裡，變成了樹木的降雨損失，盛夏酷暑的日子裡，只有滂沱大雨才能解樹木的渴。這樣一切就說得通了，我推測，樹木選擇在冬天休眠前「脫光光」，因為此時它處於不需要樹葉行光合作用的休眠期，另一方面，光禿禿的樹冠，也可以讓雨水暢行無阻的直落地面。

闊葉樹爲什麼在冬天落葉

上述情況在夏天則恰恰相反，而森林植群正是因截留損失最多降水的植物群落。每平方公尺森林土壤的「樓上」，平均覆蓋著大約二十七平方公尺的樹葉或針葉面積，[19]只有葉面變得溼潤後，雨水才有機會滲入土裡，而截留雨量在闊葉樹種和針葉樹種之間，有非常大的差異，我們想也不用想，就知道冬天頂著光禿禿樹冠的闊葉樹種，基本上能容許較多的雨水穿落；在乾燥炎熱的夏天裡，兩者相差的截留雨量差異不大。最明顯的情形發生在冬天，山毛櫸、橡樹與其它闊葉樹種，寒冬時會讓雨水輕而易舉的穿落林冠層，直落土中，這些樹種的側枝朝天生長，與樹幹形成夾角，就像漏斗蒐集雨水一樣，讓水流沿著枝幹涓涓而下，最後水量慢慢變得洶湧，沿著樹幹如瀑布般奔流直瀉根株。現在我們把鏡頭轉到常綠雲杉與松樹身上，會看到一幅大相徑庭的畫面：它們夏天與冬天的林冠截留量，沒有太大差異，即使寒冷時節到來，林冠層仍截留了百分之三十到四十的降水，而此時枝椏上空盪盪的闊葉樹種，雨水截留量則降到了僅僅百分之八。[20]

那我們不禁要問，截留的水分跑到哪裡去了？水分持續從枝椏、針葉與樹葉上，蒸發到大氣中，對當地的森林而言，它們損失了許多降雨。不過，水蒸氣升起後，會隨著空氣流動再度形成降雨雲，移動到了別處森林上方，淅淅瀝瀝下起雨來。以整體森林生態系統的角度來看，這沒有什麼大不了，不過是左手進右手出，但是對局部森林來說，形勢便十分嚴峻，因為落到土裡並且被樹根吸收的水分，才是每一棵樹的有效水分。在針葉樹林裡，老天所下的雨，統統無端端少了三分之一，那為什麼針葉樹種要犯這種「蠢」，冬天依舊保留枝椏上的針葉呢？珍貴的水分可是維持生命最重要的元素啊！現在我們移動到針葉樹種的家鄉，就能找到一個滿意的答案。它們老家位於地球極北的針葉林帶，那裡夏天非常短暫，冬天漫長，那棵樹若是春天才抽芽展葉、秋天落葉，夏天還來不及進行光合作用生產糖分時，轉眼間冬天就降臨了。所以說，在這種寒冷的氣候帶，還是以隨時待機不落葉為上策，只待氣溫一升高便可立即開工產糖。

若是雨水想要抵達土裡闊葉樹種的樹根，必須先闖過以足夠水量浸潤厚厚枯枝落葉層的關卡。大自然裡一切配合得這麼剛好，德國本土樹種的落葉，恰恰好非常容易被分解，換言之：土裡的微生物大軍，早就對上方的生物量垂涎欲滴，葉子落下後，牠們便以迅雷不急掩耳之速分解落葉。這些微生物每年在德國本土森林裡，可以吃光每公頃至少五公噸的落葉枯枝，而每公頃的林地面積上，平均蓋滿幾百萬片落葉，只要一棵山毛櫸就可以落下大約五十多萬片的葉子，在樹木腳下形成大約一到十公分厚的枯枝落葉層。[21]依不同的土壤質地，落葉在一到三年內會被分解殆盡，然後變成鬆軟的腐植質覆在地表上。腐植質也是土壤最主要的含水層之一，所以「被分解的落葉」不僅可以滯留保蓄水分，還是樹木地下小水庫的主要集水區之一。

與本土樹種不同，外來針葉樹種的這層「集水區」，特別是在單一樹種的雲杉或松樹的人工林裡，運作得不太理想，大部分的說法是因為針葉偏酸，讓土壤微生物倒盡胃口，我則是認為最主要因素，可能是德國的土壤微生物對於這個充滿著萜烯

（Terpene）和樹脂（Harze）的「舶來品」沒什麼胃口。

人工針葉林裡，雨水同樣穿林打葉，終於通過了雲杉與松樹鬱密的林冠層，離地表只剩觸手可及的距離，然後，同樣一道關卡橫在眼前：我常常觀察到以下的現象，累積多年的針葉，交織成一層厚厚的「針葉毯」，長期的乾旱，像是將這層毯子塗上一層防水漆，雨水不僅無法浸潤所有針葉，也很難往下滲溼土壤，所以目前許多人工林的針葉樹種，在愈來愈乾燥的夏季乾枯渴死，我們真的不必感到意外，更不用說，雲杉不同於山毛櫸或橡樹，雲杉夏天的飲用水，主要來自於老天降下的甘霖。

森林立地下方的地下水層，其實與地表上長著什麼樣的森林息息相關，畢竟經過了層層的過濾，抵達地底深處的雨滴，決定了地下庫水量多寡與品質。當小雨滴滲入地下水層前，一部分的雨水從樹冠蒸發；一部分的雨水從土表流失；一部分的雨水滲入腐植層或土裡，滯留或積存了下來。我們更別忘了，一棵成年的老樹每天的用水量：若夏天陽光普照，最多會喝掉五百公升的水分。所以到達地下水層的水量，只能算是總降雨量的「殘渣」，這個寥寥無幾的「碎屑」，在不同樹種間也有很大的差異，天然山毛櫸林出手相當大方，讓潺潺雨水流到地下水層的總量，是松樹人工林的三到五倍。[22]

針葉樹也會在秋天落葉

針葉樹種有個慷慨的特例，歐洲高山上唯一的原生針葉樹——歐洲落葉松

（Lärche），秋天時也會跟其它闊葉樹種一起落葉。歐洲落葉松通常與雲杉、松樹一起被種在人工林裡，這點卻讓它討不到任何好處[18]，不過，歐洲落葉松靠著它的強項扳回了一城。從十一月到隔年四月，歐洲落葉松的針葉也會簌簌飄落，如闊葉樹種般大大減低了風阻面積，雨水也如同穿落山毛櫸與橡樹樹冠般，劈哩啪啦直落地表。我不相信這僅僅是巧合，歐洲落葉松偏愛溼潤的氣候，這也表示它比外來種的松樹，需要喝更多的水分，因此還有什麼其它原因能夠解釋，歐洲落葉松落葉的現象，就是它在漫長的生物進化過程中，光明正大向闊葉樹種偷師學到的生存策略呢？

現在，秋天的腳步近了，樹葉又變得五彩繽紛，你可以藉此做出診斷，哪棵樹身強體壯，哪棵樹氣若游絲，你所需要的只要看看樹葉變色的程度——至少在某些樹種上，只依樹葉的顏色，你就知道哪些樹木已經體力不支，來年可能有危險了。

18 因為雲杉松樹長得又高又快，歐洲落葉松生長速度比不上。

第5章
靠紅葉抗蟲保命

二〇二〇年十月，大自然的反常讓我覺得納悶：五彩斑斕的秋景中，莫名其妙的少了楓丹紅葉。樹木先是一如往昔，換上綠的、黃的、棕的，經典大地色的外衣，特別是當雲隙日光灑落山頭時，一片山林疊翠流金，我一邊讚嘆金秋迷人，一邊看向了長在我家馬場草原上的櫻桃樹，也沒忘了它身旁風華絕代的梨樹，以往它們在秋天時，都會換上最耀眼燦爛的外袍：絢麗得就如同秋天深紅出淺黃的煙火。通常在八月底左右，櫻桃樹之所以早早就換季變紅，是因為它「吃飽」了，葉子工廠當然也就關門停工，若是這年夏天的氣候較以往溼熱，更是對了櫻桃樹的胃口，它產糖的效率會更明顯高於其它樹種，以超高速將細胞組織裡裡外外堆滿了「甜蜜的負荷」，然後叫停光合作用，關閉葉子工廠。但是二〇二〇年的夏末，情況卻相當反常：櫻桃樹依舊枝繁葉茂，綠樹蔥蘢，沒有任何吃飽了的跡象，只有少部分的葉子轉成了褐色，這點顯示了櫻桃樹與它附近的樹林，都正在默默承受乾旱之苦。老實說，我對此真的一點都不覺得意外，櫻桃樹拖到十月底，才與其它闊葉樹種同時黃葉，而不是像幾年前一樣，八月底就換季，它很明顯的是在告訴我們，一直到二〇二〇年十月底它才吃飽，所以回收葉片養分的過程，當然也延遲啟動了。

樹木準備過冬的過程中，樹葉會自然而然由綠轉黃。首先，樹木先分解葉綠素，然後將其搬回樹枝、樹幹和樹根儲存，到了明年大地甦醒時，樹木又把葉綠素送回葉子裡。而葉綠素被分解時，因為葉子裡的綠色漸漸減少消失，所以黃色的類胡蘿蔔素就愈來愈明顯，其實類胡蘿蔔素一直存在葉子裡，不過在春夏時節裡，都被大量的葉綠素遮蓋了，這就是樹葉大部分時間是綠色的原因。

但是，樹葉變紅卻是完全相反的機制：樹木必須主動製造出紅色色素，然後辛辛苦苦的往高處抽送運進樹葉裡，紅色色素如同在高速公路上的逆向駕駛，沒有遵循秋天物流輸送由上往下的方向，反而直沖雲霄往樹梢奔去。學術界到現在還不知道，為什麼樹木會耗費精力讓樹葉轉紅，除了生產紅色色素需要額外的能量與時間，樹木對時機點的選擇，也頗讓人費解。晚秋時節氣溫陡降的風險，可是每過一日就增高一分，此時此刻，樹木應該把能量分配給物流部門，全力運輸養分回到樹枝、樹葉儲藏過冬才對，而不是多花力氣，生產紅色色素反向送到樹葉上。若初冬第一個凜冽寒霜驟臨，山毛櫸、橡樹與其它闊葉樹種，乍逢低溫被迫進入休眠，那些它們睡前來不及回收搬進糧倉的養分，便統統付諸東流了。

目前關於紅葉現象的普遍解釋是：紅色色素是樹木產生的防曬物質，就像人類的皮膚產生深色的色素，以抵擋陽光的紫外線。為什麼樹木偏偏選在落葉之前，特別想要「搽防曬」呢？科學界目前的解釋：葉綠素被分解回收後，樹葉會變得特別脆弱容易被曬傷，[23]而樹木一方面用紅色色素保持細胞活力，另一頭加速挽救寶貴的養分——要是細胞組織被太陽曬傷受到損害，就沒辦法進行回收作業了。

另一個解釋聽起來，似乎也跟上述的假設一樣「合情合理」：樹木產生紅色色素，是為了嚇阻那些想要吸取樹木甜液的昆蟲，樹木想藉紅葉展現它強健的體魄：「寄生蟲統統給我看過來！我在秋天活力依舊體力充沛，力氣多到還能再玩一輪，把我的樹葉染紅，所以你們休想越雷池一步，若你是選中我來產卵，來年春天降臨，我精力旺盛多到能夠形成許多有毒物質，把你們的幼蟲統統殺死！」看來樹葉會變紅的樹木，都是一些自信心爆棚的傢伙啊。不過，其實整件事沒有這麼單純，我們應該也從昆蟲，例如蚜蟲（Blattläuse）的眼睛，來審視這整件事，昆蟲眼睛並沒有色彩接收器，紅色樹葉沒任何嚇阻害蟲的功能，長話短說就是指：這些個小傢伙根本不能分辨顏色。不過部分學者認為，昆蟲是色盲這一點，讓牠們在選擇「何樹」產卵時，還是扮演了關鍵性的角色——下文會有更多解釋。

蚜蟲與蘋果樹之間的拉鋸

秋天昆蟲與樹木同時都忙著準備過冬，對大部分的昆蟲來說準備工作很簡單：牠們只要專心迎接自己的死期即可，不過死前牠們唯一的使命，就是要進行最後一次的產卵。為了不讓春天剛孵出、嗷嗷待哺的後代才鑽出卵殼，就得長途跋涉覓食，昆蟲媽媽會想盡辦法找到適合的樹縫或是樹皮皺褶產卵。寄生蟲若是攻擊健康的樹木，必須冒著被毒死的風險，相反的，奄奄一息的樹木，則是比較明智的選擇，屬於容易到手的獵物。德國的雲杉人工林和松樹人工林裡，正在上演這場攻防戰，樹皮甲蟲真的可以聞出，哪棵樹已經沒有抵抗力了，一旦樹木稍露敗象，甲蟲便揮軍大進，如入無人之境。

像樹皮甲蟲與雲杉這樣的「天生一對」，還有蘋果樹與蚜蟲。或許你們在自家的後院就常常見到：春天嫩葉才穿破蒙尖，卻又立刻變得萎縮捲曲，從葉子側面看去，簡直像極了佝僂駝背的老翁，而造成這一切的元兇，只消看一眼葉背就真相大白，原來是千軍萬馬般的蚜蟲軍團，趁著嫩葉組織還沒長全，將牠們的口器插進葉肉，咕嚕嚕的大口大口喝起了甜液。如果蚜蟲的危害情況太嚴重，嫩葉萎縮凋謝，樹勢生長減緩的負面後果，就是樹木會有抽高困難，畢竟，枯萎的芽苞無法展葉，沒有葉子工廠的樹木，又餓又虛弱，已經沒有多餘能量分配於生長之上了。然而，最壞的情況還不只這些：這些不請自來的不速之客，也是不同的病毒、真菌和細菌疾病的帶原者。長話短說小結一下：蚜蟲對樹木來說，根本就是一場瘟疫。所以要是這些擾人的小傢伙，自動自發繞過自家樹冠停在別處，絕對是讓樹木求之不得的好事，你說是不是呢？

健康的蘋果樹當然就想盡辦法躲過自己的天敵，它們在秋天將樹葉染成紅色，讓自己在這個小傢伙眼前隱形了，其它秋天樹葉也會變紅的落葉樹種，同樣也因此躲開了不少蚜蟲侵害。長期的科學研究顯示，秋天費盡心力讓樹葉變紅的闊葉樹種，它們的天敵中蚜蟲的種類，具有宿主專一性，只攻擊某些特定樹種。看來樹木與蚜蟲的關係如同演化，你來我往，一場攻擊與防守不斷循環的拉鋸戰。

我再強調一次：蚜蟲是色盲，看不見紅色。實驗數據也證明了，蚜蟲較少攻擊秋天紅葉的樹木。另外，在秋天紅葉的樹木上孵出的幼蟲，牠們平均的活力朝氣，比秋天黃葉樹木上的幼蟲衰退低落。[24]

如果樹木紅葉就是為了警告閒「蟲」勿近，人類反而可能比較容理解樹木的行為，那到底為什麼樹木會這麼做呢？答案其實遠在天邊，近在眼前！我們現在要透過蚜蟲的眼睛，從牠們的角度來理解這整件事。蚜蟲秋天的第一要務，就是尋找對牠們後代最有利的樹木產卵，綠色或是黃色葉子很容易引起牠們的注意[19]，吸引了牠們到此處的樹幹或樹枝上產卵，所以，紅色不是警告，而是樹木的保護色！紅色特別能夠吸引人類眼球的注意力，但在蚜蟲眼裡，卻不過是一個介於藍色和綠色之間的色階。[25]

哈佛大學的馬可・阿爾卻蒂（Marco Archetti）想要更進一步瞭解「蚜蟲—樹木」之間的關聯，於是他進行了更詳細的研究。首先，他對蘋果樹上蚜蟲的活力進行了調查，之所以選用蘋果樹當作實驗標的，是因為它不僅有大量的野生品種，也有大量人類培育的栽培品種。野生蘋果樹已經跟蚜蟲玩「貓捉老鼠」的遊戲，玩了幾千年，早已發展出攻守完善的應對策略，相反的，人類進行蘋果樹的育種時，只挑產量高、果型大、外觀漂亮和吃起來酸甜美味的品種，長期下來，人類取代蚜蟲危害，控制了蘋

19 因為在蚜蟲的眼裡，這兩種顏色的亮度最高；綠色和黃反射的光量高，紅色的亮度低，反射光量低。

果樹演化的方向，為了能在人類文明控制的領域[20]生存下去，蘋果樹迎合了人類的喜好演化，所以蘋果樹其它特質都被忽略不計，特別是有些未被研究透徹、來龍去脈複雜的屬性。直到今天，蘋果樹以紅葉「抗蟲保命」的特質，從來沒在人為育種時被列入考慮——其實這也是理所當然的事，畢竟到目前為止，很多果農還不清楚這兩者之間的關聯，尤其人類培育蘋果樹已經有好幾千年了，所以大部分的栽培品種，已經不具備秋天紅葉的特性了。

為了證明這兩者之間的關聯，阿爾卻蒂仔細調查了隔年春天蚜蟲的存活率。在秋天依舊綠葉的蘋果樹上，蚜蟲存活率是百分之六十一，而在秋天大部分是黃葉的蘋果樹上，下降了一點，存活率有百分之五十五，那些秋天紅葉的蘋果樹上，蚜蟲存活率只剩百分之二十九。

話說回來，如果秋天紅葉的防禦策略這麼有效，為什麼其它蘋果樹不跟著這麼做呢？這裡我們當然要先排除栽培品種的果樹，因為它們喪失了紅葉特質是人工育種的結果。阿爾卻蒂對此提出了更進一步的解釋：向來讓蘋果樹聞之色變的梨火疫病（Feuerbrand），主要是透過蚜蟲傳播，所以對梨火疫病抵抗力的強弱，也成了蘋果樹決定是否紅葉的關鍵。頭好壯壯的蘋果樹，受到梨火疫病感染後依舊能夠存活，但是抵抗力較弱的蘋果樹，只要得病便會一命嗚呼，於是乎，抵抗力弱的蘋果樹想出了一招「取巧」的生存策略，既然承受不住梨火疫病，那就搶先一步阻止蚜蟲飛過來好

20 例如果園。

了。阿爾卻蒂的研究，證明了這個推測，他研究北美蘋果樹的數據顯示：經歷了漫長的育種過程，栽培品種蘋果樹中，對梨火疫病的抵抗力特一別一差的個體，也是少數在秋天，經過長期人工育種後，仍然會紅葉的個體，以求在蚜蟲前隱形來躲過致命傳染病[21]。[26]

提早落葉的原因

我們再把時間點拉回二〇二〇年十月：一個漫長酷熱的夏天過去了，德國很多地區的樹葉都沒有變紅。櫻桃樹、蘋果樹、灌木以及野生的黑刺李，樹葉都只有由綠轉黃，而那些稀稀落落的橘紅色，則是要張大眼睛才能勉強發現。我們剛剛學到，樹木必須花費大量精力形成色素，樹葉才會變紅，所以我們已經能夠理解樹木秋天沒有紅葉的行為了，不過來年春天保持足夠的活力，對抗蚜蟲雖然事關重大，但是秋天樹木的基本功，則是要存夠養分熬過近在眉睫的嚴冬。

現在許多闊葉樹種就像忙著過冬的灰熊（Grizzly），冬眠前很不幸沒抓到足夠的鮭魚，脂肪層還太薄了。個性膽小謹慎的樹木，怕糖分不夠，於是在秋天時大筆一揮，刪掉樹葉變色部門的預算，畢竟蚜蟲屬於明年春天，樹木才要著手處理的「重要不緊急」危機，尤其春天抽芽後葉子工廠就能開工，新的糖分便開始進帳，即使那些不請

---

21 抵抗力差的人類育種蘋果樹，放棄對付細菌，決定搶先阻止蚜蟲產卵，因為沒有蚜蟲就等於沒有梨火疫病原菌。

自來的小客人，硬生生分走一部分的甜液，隨著日子一天天過去，樹木活下來的機率其實只會愈來愈大，儲存足夠的養分過冬才是它「重要又緊急」的頭等大事。

之前提到樹木糖分生產達標，吃飽了準備停工提早紅葉的例子，我們可以看看有份瑞士科學研究，也能夠證明與上述殊途同歸的現象。蘇黎世聯邦理工學院的學者發現，因為氣候變遷闊葉樹的行為有了明顯改變——它們比往年提早落葉。以前學術界的推測，本來以為樹木因為較為暖和的秋天，落葉的時刻應該會往後推遲兩三個禮拜，不過迪波拉．差妮（Deborah Zani）帶領的研究團隊卻發現，現實情況卻完全相反：研究團隊以數據預測，未來的幾十年，樹木秋天會提早三到六天換上五彩斑斕的霓裳後落葉。提早落葉的主因，可能是氣候暖化後，春天發芽平均提早了兩週，造成了樹葉老化才會提早凋零落下。

樹葉老化？我不相信。近來夏天乾旱發生頻繁，樹木輕輕鬆鬆就延長了樹葉掛在樹上的時間，靈活應付了養分不足的危機。如同我在背陽坡所觀察到的情形，樹木在夏天缺水乾旱的期間，被迫停工無法生產糖分，所以十月初當然都還沒有吃飽，飢腸轆轆的樹木決定賭一把撐到十月底，或是到十一月初，才把「太陽能面板」往下拋，由此回推，單單只是提早抽芽，要求樹葉工廠運作延長幾週，理論上應該是完全沒問題。

依我所見，瑞士團隊研究結果的數據，反而給了我們一個更接近事實的線索：差妮和她的團隊證實，樹木提早落葉，主因是樹根減少了吸收土壤裡的養分，間接造成了二氧化碳的攝入量減少。[27]我個人對上述實驗結果的解讀是：樹木在早春時提早兩週萌芽，既然提早開工，樹木最後也會因養分足夠，提早關廠，況且樹木的細胞不像人類腰圍的脂肪層，能依養分產量多寡彈性向外擴張，樹木的糖分堆放在木質組織內外，養分堆滿了便無處可去，既然樹木現在已經飽了，在某個時間點停止攝取養分，也是非常合情合理。當然樹木也可以直接合上葉背的氣孔停工，但是它們有什麼理由，依舊佇立不趕快休息進入冬眠呢？於是樹木順勢為之，早點將葉子拋落了收工——前提是這個夏天沒有乾旱侵襲。

我們再拉回到落葉現象：在二〇二〇年八月的熱浪高峰期，我漫步於屬於我管轄的古老山毛櫸林保護區中，走著走著，我發現地上好像有點不一樣了：去年秋天凋零的落葉，仍厚厚的覆蓋在林地上。之前我沒有留意腳上的變化，但是因為乾旱久久不走，土壤也愈來愈乾燥，我會時不時測量土壤溼度的變化，以確保土壤溼度是否足夠，這個評估方法非常簡單，你也可以在自家的花園或戶外森林裡試試：你先撥開覆蓋地表的腐植質，然後用大拇指和食指捏起一點泥土，當你指間有一些土壤團塊，手指要用一點力氣才能推開，就表示土壤裡的溼度還夠，如果在手指間泥土質地沙沙的，抹一下就散開，這就表示對樹根來說土質已經太乾了。

我看著去年秋天沒有被分解的落葉層，心中訝異萬分，突然間，我聯想到了天然有機堆肥，有機肥料之所以能發酵的前提，在於堆肥內部溼度必須到達一定的標準，我的思維漸漸清晰起來了——真菌和細菌在乾燥的環境下，活力向來非常低落，不然為什麼世界上最古老的食物保存方法之一，就是用盡各種方法減低食物的含水量。這個情形對樹木有好也有壞，當天氣乾燥炎熱時，落葉層可以防止土壤被陽光烘烤曬乾，但是老天若只落下綿綿細雨，細小的水珠必須先浸潤所有的落葉後，涓涓的流水才能滲進土中，雨量太少的結果，就是沒有任何水分能夠穿過這層防護罩滲透到土壤之中。

冬天這大半年裡，是否降下足夠雨量，對樹木當然至關重要，但是冬天的低溫需求[22]是否被滿足，也是樹木存活的關鍵因子。冬天若是太過暖和，來年春天樹木正值忍飢挨餓、元氣大減的時候，還得處理於「春天」、「秋天」傻傻分不清楚的後果，實在是有點應接不暇。

22 低溫需求指的是滿足不同植物完成內生性休眠所需之低溫量稱為低溫需求，例如梨子需要一定時間的低溫，來年春天才會發芽。

第6章 睡眠不足的樹

你們之中有多少人曾經這樣做過：秋天到森林散步時，撿拾落在地上的橡實或山毛櫸槲果（Buchecker）帶回家，順手種在花盆裡。接著，你把花盆擱在窗台前，種子慢慢發芽長成了顫巍巍的小苗，但是過不了多久就枯死了，它們的死因：沒有經歷過「冬天」。寒冬降臨之際，也是樹木休眠進入夢鄉之時，如同很多動物需要冬眠一樣，為了能夠安詳入睡，樹木需要漸漸變短的白晝與足夠的低溫，不然即使種子發芽後，小樹苗不眠不休的生長，最後還是會因為睡眠不足死去。所以，你要是希望養在屋裡花盆發芽的樹苗，活得長長久久，只有將它移到戶外，才是最明智的作法。

然而說到移植於戶外，很不幸的，目前大自然平均氣溫也變得愈來愈暖和，寒冬變得愈來愈姍姍來遲，然後早早離去，樹木的休眠期當然也漸漸變短，難道是異想天開的想法嗎？況且近年德國四月的時候，常常已經頻繁出現炎夏般的高溫，看來德國有首著名的民謠：「五月已經來臨了，樹木紛紛萌芽吐葉。」這首歌詞裡的月份真的應該更新一下：這幾年來五月初各地便見到樹枝上，已掛滿了新綠嫩葉，我們現在將愈來愈暖和的秋天也考慮進來，樹木真正能夠安然入睡的休眠期，根據德國氣象局的數據統計，在過去幾十年間，已經平均短了兩週。[28]

剛剛開始大家都以為，暖和的天氣對樹木有益無害。沒錯，樹木四月就能開工進行光合作用，的確可以早一點脫離餓肚子的窘境，儘管氣候變遷已是家常便飯，我們還是沒有擺脫這個季節專屬的氣候風險：倒春寒（晚霜）。四月天氣晴朗的晚上，氣溫常常突然降到零度以下，一旦晚霜驟現，大地又會突然再回到一片天寒地凍，就如二〇二〇年，一直到五月中倒春寒在晴朗無雲的晚上時不時降臨。零度以下的低溫，凍傷了大部分新長出來的嫩葉新芽，此時芽苞受損對樹木最為不利，因為它們的能量正值青黃不接之際，現在還要額外動用僅存的精力，短時間內再次抽芽展葉，若是這時樹木還一不留神生病了，它們便再也沒有多餘的儲備體力，抵抗真菌和細菌的入侵了。

冬天愈暖和，提早萌芽的風險也就愈高。有時元月氣候就已相當溫暖，歐洲鶴（Kraniche）便會提早從西班牙飛回德國，然而二月時，若強大的寒流再度發威，這些候鳥便再度遷徙，飛回溫暖的南歐。樹木當然不可能像候鳥一樣飛來飛去，所以它們的應對之道是：耐心和等待。山毛櫸發芽不僅僅參考了每天氣溫上升的數字，它們會非常有耐心，沉著的等待白晝日照時數，到達每天十三個小時以上，才會準備萌芽展葉，看來山毛櫸害怕低溫驟現白霜鋪地的威脅，遠勝於捱餓受凍沒糖分可用。德國平均每年在四月二十三日左右，白晝將會到達這個長度，[29]——所以當你們下一次在森林散步時，抬頭觀察你家附近的山毛櫸，是不是也在這個日子開始萌芽吐葉。

現在我們專心聊聊，對樹木至關重要的「低溫」因子。沒有低溫的刺激，德國的樹木就無法得知，秋天與春天之間，中間已經有過了冬天，原來半年已經過去了。或許樹木可能跟我們人類一樣：當我們睡到一半時，如果突然在黑暗中醒來，若是不看時鐘，也不知道現在是什麼時候，是該起床，還是可以翻身繼續蒙頭大睡。

對山毛櫸與楓樹（Ahorn）來說，秋冬氣溫必須低於攝氏四度以下，隔年春天來臨時，它們的苞芽才能夠正常抽芽展葉。若是缺少低溫催芽，樹木就沒辦法從休眠中完全醒來——它們依舊在沉睡，痴痴等待冬天的降臨。有些極端的例子裡，長在樹枝上的苞芽，甚至因此沒辦法鼓起展開，[30]大家都以為溫暖的冬天對樹木有益無害，其實是適得其反，暖冬催促樹木提早發芽，迫使它們陷入未知的風險之中。

自行創造微氣候

冬天寒流發威時，樹木只能逆來順受，但是應付盛夏的高溫烘烤，樹木口袋中卻有很多法寶。山毛櫸、橡樹與其它樹木，面對常常同時出現久久不退的乾旱與熱浪「三溫暖」，並不是特別享受，即使春天開始回暖，樹木還是偏愛涼爽的氣候，太陽偶爾露個臉，時不時降下甘霖，氣溫最高不超過攝氏二十五度，才是樹木理想中的夏天。我們人類還在想方設法，根據準確度不足的氣象預報（至少三天內的準度可以信），應付天氣威脅時，樹木卻能輕而易舉，化被動為主動：既然樹木自己能夠創造微氣候，當然也不必麻煩蒐集資料，看天氣預報了！俗話說孤木不成林，一棵樹當然不可能改變氣候，不過當樹木聚集成為森林植群，大家齊心協力便能共同呼風喚雨。樹木如何調控區域性氣候，我在「聖殿」[23]裡就親眼目睹，在那裡，我也遇到了專門研究樹木調節氣候能力的專家。

23 作者此處指的是德國最古老的山毛櫸林之一，參考下一章的說明。

第7章 森林空調

因為《樹的祕密生命》同名紀錄片[24]拍攝的緣故，有一個剎那我心跳加速、醍醐灌頂，突然間領悟了樹木與氣候變遷之間的關聯：我與電影團隊因為拍攝作業，我們和艾伯斯瓦得科技應用大學（Hochschule Eberswalde）皮耶雷・伊必敕（Pierre Ibisch）教授——他是一位非常親切友善的學者，其實之前我們在我管轄的艾費爾山脈林區，就已經互相認識了，當時我就覺得，能夠認識他真的是三生有幸——約在「聖殿」碰面。「聖殿」不是一棟建築，而是德國最古老的山毛櫸林之一，這座森林內有許多樹木都超過三百歲，略掉少數的人工干擾不計，已經整整一百五十年，沒有任何植株受到人為砍伐，訪客只要一踏進森林，馬上會被原始林古樹參天清新冷冽的氛圍環繞擁抱，目前中歐的大部分地區，已經體驗不到這種森林氣息了。倒伏的巨大枯木縱橫交

24 台灣上映時片名為「自然就樹美」。

錯躺在地上，正慢慢被分解，空氣中瀰漫著一種菌類特有的氣味，林下光線幽暗，長滿了年幼的闊葉樹小苗，以一種慢到不可思議的速度向上生長，放眼所及皆是鋪天蓋地的綠，我不禁沉思，很久很久以前的中歐與西歐各地，這種景象一定曾經是隨處可見！

我與皮耶雷・伊必敕教授以及攝影團隊一同漫步於林區中，隨處可見的小小奇蹟，讓我們不斷發出此起彼落的驚呼與讚嘆聲。例如一棵高大粗壯已被攔腰折斷的山毛櫸，斷梢處只剩下薄薄的樹皮連著木材碎屑，卻依舊屹立不搖。這根四公尺高的「牙籤」，拚盡最後一絲力氣，再度長出青嫩的樹冠，重新萌芽長葉，生產糖分，延續了老樹的生命，或者應該說，延續了「老樹根」的活力得以續命。

另一個奇蹟是某根傾倒於地、幾乎分解殆盡的樹幹，遠遠望去，不仔細看的話，你會以為只是地上一座扁平不起眼的小土丘：這個地區在我們拍攝期間，已經有幾個禮拜都沒下雨了，森林外圍的公有農牧區，地表已相當乾燥，塵土飛揚，而「樹幹土丘」的表面，卻保持溼潤陰涼。皮耶雷・伊必敕興奮的叫我捏捏看，已被微生物分解的樹幹表面，就如同一塊坑坑洞洞的海綿，當我真的用雙手捏下去時，立刻有許多水分順著指縫從腐朽的枯木中滲出，這座古老奇巧的小山毛櫸林，簡直是見證大自然神奇的寶地，因為在經歷了多年乾燥的冬天之後，森林裡居然還涵養著如此豐沛的水分。

其實我們仍在森林入口，互相寒暄進一步討論對森林見解，一邊聊天的時候，皮耶雷・伊必敕隨手將他攜帶的許多地圖，攤開鋪在木桌上，前面提到讓我醍醐灌頂心跳加速的剎那，就在此時此刻發生了。其中一張是土地利用圖，地圖上呈現了柏林附近不同的地表特徵，以色碼標示牧草地、農地、林地、水體，或是住宅城市的土地利用現況；另一張也是同樣地區的地圖，但是顏色比起土地利用圖豐富許多，是採用了彩虹色碼繪測而成。我好奇地看了一眼，皮耶雷・伊必敕親切的向我解釋，製圖者以藍色、綠色、黃色、橘色最後到紅色，顯示不同的平均溫度級距，低溫用藍色系，高溫用紅黃色系，這樣一來，我們對此區地表平均溫度分布的大概情況，便能有所瞭解。

這張地表溫度分布圖，是以衛星遙測長達十五年所蒐集的資料測繪而成，研究調查的目的，主要是為了蒐集六月、七月和八月，所有夏天月份的地表溫度資料，製圖時只使用晴朗無雲日子的數據，因為沒有雲層，衛星才能暢行無阻的遙測地表溫度，過去這十五年來，研究團隊總共收集了四百七十天的資料。

每天中午十二點，衛星依軌道會飛過柏林正上方，此時進行地表溫度的量測。這個遙測研究計畫在二〇一七年結束了，也就是說，在德國連續三年破紀錄高溫乾旱來臨前，因為停止測量所以沒有蒐集到任何連續乾旱的相關數據。儘管如此，這個研究結果，還是讓我全身如觸電般為之一顫，只要將這張溫度分布圖重疊在土地利用圖上，我們就可以發現，熱浪不斷來襲的成因，氣候變遷只是其中一個因子，大規模的砍伐天然森林，將原本林地覆蓋的地表，變成人工林、農田和住宅區，才是主要關鍵因子之一。

根據遙測數據製成的地表溫度分布圖，柏林這個大城呈現一整片深紅色，而它附近的湖泊，則是大片大片的藍色。這個結果一點都不令人意外，研究期間這十五年，柏林夏天正午平均溫度，大約攝氏三十三度左右，而它附近水體與湖泊表面溫度，很多連攝氏十九度都沒超過，好吧，上面這些資訊都不是什麼新鮮事，畢竟柏油路面與水泥吸熱升溫的速度，向來都比大面積的水體來得要快，但是，城市與自然地景之間的溫度差異，並不是這個長期遙測的目標，這個研究主要是想瞭解，柏林附近森林地表夏天溫差的波動幅度。我們現在光看溫度分布圖上的色碼，幾乎沒辦法分辨哪裡的地表受森林覆蓋，哪裡是水體；低溫的藍色系色碼都覆蓋在古老的闊葉林之上，我盯著這個結果苦苦思索，突然間靈機一動：原來受到山毛櫸林或橡樹林覆蓋的地表，與水體覆蓋的地表一樣，即使不斷受到太陽直射吸熱，溫度波動幅度仍然相當小！森林調節地表溫度能力，釋放的「冷氣」之強，若以古老森林與大城市柏林這兩個地區做比較，兩者間的地表溫差，大約有攝氏十五度之多。

森林附近的公有農牧區，主要是由牧草地和農地組成，這兩種土地利用類型的地表溫度，比天然林地高了攝氏十度左右，而讓我最感到訝異的，這個研究證明了，松樹人工林的地表溫度，這種可悲淒慘的單一樹種人工林，完全不能與天然森林同一而論。它的地表平均溫度，與古老的闊葉林比較，整整高了攝氏八度！除此之外，針葉樹種通常會將更多的雨水截留在林冠層，因此松樹人工林腳底下的土壤，實際上應該會比外太空衛星從森林上方測量數據所顯示的還要乾燥。

礦場旁的古老森林

森林不管面積大小，調節立地[25]微氣候的能力，仍然不斷讓我感到驚訝，受到大肆伐木、最後只殘存了一小塊林地的漢巴哈森林，就是最好的例子。漢巴哈森林算是德國最有名的森林之一，因為它已經變成德國能源轉型象徵。森林附近有座煤礦場，開採褐煤的挖土機，一直挖到離森林邊緣幾公尺的地方，看來此處的樹木，應該不久之後就會統統枯死。畢竟漢巴哈森林，以前曾經一度佔地四十平方公里，現在只剩下了區區兩平方公里，更不用說這一小片森林之所以得以苟延殘喘，完全是靠環保人士的大聲疾呼發揮了作用，讓北萊茵－西發利亞邦最高行政法法院明斯特（Oberverwaltungsgericht Münster）[31]發布一項臨時禁令，德國聯邦政府與所屬的聯邦州也因此達成共識，暫時停止了漢巴哈森林的伐木作業。

那這一小片森林還值得挽救嗎？它的腳旁有著三百公尺深的大礦坑，夏天時乾熱的空氣從礦坑底部持續上升形成風筒，將大型礦坑變成了吸塵器，不斷吸走旁邊古老闊葉林費盡力氣降溫的涼爽空氣；當溫帶氣旋偶爾來襲時，完全不受阻礙，可以無所顧忌的肆虐於礦坑之中，順便將森林邊緣的樹木也連根拔起，漢巴哈森林的佔地面積，也因此一點一滴的不斷縮小，它附近沒有其它樹林能夠與其攜手，創造適合森林

25 林業名詞，森林生育地氣候土壤環境條件的總和。

生存的友善環境：因為漢巴哈森林被農地沙漠[26]包圍，驕陽高照的夏天，山石裸露的礦坑，與農業區地表吸熱增溫的速度幾乎不相上下。

那這座面積迷你的古老森林，到－底－還－有－沒－有－存－活－的－機－會呢？為了找出這個問題的答案，綠色和平組織委託了皮耶雷・伊必敕教授的團隊，仔細調查漢巴哈森林立地微氣候的長期趨勢。[32]調查的方法你們已經知道了：研究團隊使用衛星遙測，測量記錄了不同地表溫度，然後根據數據資料，用不同的顏色繪測溫度分布圖，同一時期，團隊也在此進行了其它的生態調查。研究結果是：二〇一八年夏天非常炎熱乾燥，露天礦坑與森林之間的地表溫度，兩者的差異居然最多會到攝式二十度！一座面積迷你、只有部分機能正常運作的森林，能夠將地表整整降溫攝式二十度，森林空調的卓越性能，實在值得我們人類的讚嘆佩服。

減緩森林的生存壓力

不過住在這座森林裡的老樹，它們的未來目前看起來依舊不怎麼樂觀。挖土機一步步逼近，森林邊緣有愈來愈多的樹木，不斷受熱浪侵襲乾枯而死，生長於最外圍的樹木首當其衝，不斷面臨礦坑風筒吹來的陣陣熱氣，森林的降溫效應因此被抵銷，於

26 作者這裡指的是慣行農地，因為慣行農地使用化學肥料，土壤被破壞，除了想要農民種植的作物以外，任何生物無法在此生長存活，被視為與沙漠相當。

此同時，森林也不斷流失大量溼潤涼爽的空氣，我來打個比方讓大家比較好理解：夏天對漢巴哈森林來說，就像有人在森林四周，架設了許多大型吹風機，持續以熱風烘烤涼爽潮溼的森林，使其流失許多水分。

如果我們閉上眼想像一下，就能感受到這個場景有多殘忍，簡直是一齣活生生的慘劇。一棵成熟的山毛櫸，每天透過樹葉蒸散最多五百公升的水分，它腳下的土壤緊鄰褐煤礦坑，無法涵養豐沛的水源，沒有「地下小水庫」源源不絕供水。讓人最覺得諷刺的是，礦坑底部比天然地下水水位低，形成了大大小小的水窪，煤礦公司為此調用了大型抽水機，將礦坑底部積水抽乾，以避免露天礦坑被地下水淹沒變成水坑。

為了要挽救漢巴哈森林，根據專家的建議，我們應該在森林外圍再種上一圈綠帶作為緩衝，外圍新植的年輕樹木，能夠減緩礦坑產生各式各樣的環境衝擊，並能維持空氣中的溼度，如此一來，這座古老森林受到的生存壓力至少會小一點。

其實綠色和平組織的研究也證明了，對我們人類來說，城市若能夠被綠帶包圍，也同樣能減少地表溫度波動幅度，就像是植物無償提供「綠色庇護」的生態服務給人類。[33]環保人士使用熱像儀，測量了大城市科隆（Köln）地表溫度變化的情況，這座位於萊茵河谷低地的大城，離我轄區開車大約一個小時，研究調查結果顯示，科隆地表不同土地利用類型溫度分布，與柏林、漢巴哈森林的研究，結果非常類似。夏天大量吸熱升溫的建築物與柏油路面，呈現深紅色，城市的公園綠帶與樹林，跟水體一樣呈現深藍色，測量的溫度數據完全支持了綠色木本巨人，具有調節地表平均溫度，最多到攝氏二十度的論點！森林的降溫效應，也是為什麼我們應該增加城市綠色植被的面積，最強而有力的論述。

森林不只能降溫，它們還有另一個禮物送給人類：森林能創造更多的降雨，下一章我會在說明氣團移動時，有更詳細的解釋。讓人意外的是，通常摧毀這座天然空調不遺餘力的政府林務單位，居然對於森林生態系重要性的理解也出現了一線曙光，曾經在位的萊茵蘭—普法茲邦（Rheinland-Pflaz）環境部部長烏麗可．赫夫肯（Ulrike Höfken），簽署了一項到二〇二一年底，全邦暫時停止砍伐古老山毛櫸林的禁令。[34]

第8章 雲與樹的連結

森林不僅能調節區域性的氣候，事實上，從沿海到內陸深處，處處可見森林「呼風喚雨」的影響力。其中最關鍵的因子，就是「水」元素，蒸散作用產生的降溫效應便是最好的例子；大氣層中水文循環，樹木在其中也扮演了不可或缺的角色。

首先，樹木會減低落至土裡與地下水層的水量，樹冠層在空中，先截留了部分水分，其它剩餘的水分，樹木用來增加生物量，以及進行蒸散作用降溫。依樹種各異，樹木最多截取平均每平方公尺七百公升的年降水量。[35]我舉個例子，讓大家對這個數字比較有感覺：德國最乾燥的城市之一，馬格德堡（Magdeburg）每平方公尺的年降水量，差不多是五百公升而已，森林之所以能在當地四處擴張，是因為住在那裡的樹木，知道要節約水資源，只敢一小口一小口的啜飲，竭力調節水分收支，想當然耳，這樣一來它們也長得比德國其它水量豐沛地區的樹木緩慢。

難道樹木就是讓地表荒蕪乾枯、喝光雨水的罪魁禍首？絕非如此。蒸發的水分，並不是平白無故消失，地表水分蒸發後進入大氣中，大大小小的氣團，挾帶著比液態水密度還要低的水汽，四處飄移。俄羅斯科學家的研究已發現上述的森林水文循環，現在他們想更進一步知道，那中國天空上方下的雨，最初會是從哪裡來的？這個題目乍聽之下，可能有點莫名其妙，因為科學界已有共識，陸地上的水氣，通常源於大陸沿岸的海洋，廣闊洋面的大量水氣蒸發，上升形成雲層，接著雲層隨海風往陸地移動，聚集於陸地上方形成降雨，雨水受地心引力影響往低處流動，最後小雨滴匯集成河流，再度流向海洋——水文循環結束了。陸地植物得以存活的關鍵，在於水文循環中，空氣中的水汽補給，至少要跟流向海洋過程中蒸發掉的水分打平（不然陸上就會變得非常乾燥，然後形成沙漠）。

俄羅斯科學家安娜塔西亞．瑪卡日娃（Anastassia Makarieva）與維克多．可舒卡夫（Victor Gorshkov）的研究也發現，地球各處角落的水文循環，並不是都達到了適合植物生存的平衡。[36]正常情況下，降水量分布從沿海往內陸呈現指數性遞減，原本飽含水汽的雲層，輸送途中多次降水，飄到遠離海洋幾百公里的內陸地區時，已經幾近枯竭了，所以內陸地區應該統統寸草不生，沒有植物能夠存活才對，至少若是內陸地區沒有森林覆蓋，就會是這樣的狀況；換句話說，內陸地區要是長滿了大面積森林，整個情況就會完全翻轉。根據科學團隊的研究結果，森林具有強勁的吸力，驅動潮溼的空氣流向內陸，這股吸力強而有力，勢不可擋，學者因此給了森林「生物泵」的封號，在離海洋幾千公里遙遠的內陸深處，靠著一望無際的天然林，降水量居然與沿海地區相差無幾。

那我們現在以兩種生理機制，來聊聊「生物泵」如何運作：森林每天都會透過樹葉，蒸發非常大量的水分。樹冠層平均每平方公尺的樹葉面積，大約是二十七平方公尺，無數水分不斷從葉背數以萬計的氣孔逸散，例如盛夏烈日當空，太陽像個大火爐燒烤大地時，一棵成熟山毛櫸，每日蒸發最多至五百公升的水分，這些水分除了替森林降溫，也再度以氣體的形式進入大氣之中循環，[37]龐大的水蒸氣不斷從森林升起，林地上空便形成了低氣壓，低氣壓指的就是氣團中心的氣壓，比四周空氣還低，於是森林附近的空氣，自然而然流往低氣壓中心，我們甚至可以這樣說：森林源源不絕的從海洋沿岸，汲取新鮮空氣輸送至遙遠的內陸。往內陸流動溼潤的海洋空氣，不斷於森林上方升起冷卻，凝結後落下形成樹木急需的降水，根據學者的研究結果，若以水分的總收支來計，以樹木自己「樹造雨」創造的降水總量，減去生長與呼吸作用所流失的總水量後，還綽綽有餘，森林全體絕對是大賺一筆。

原來樹木消耗了水分，最終居然會替森林整體帶來了更多總水量，支持這個「雲與樹連結」理論的最佳對照組，只要移到西伯利亞的森林，就可以觀察現實中生物泵運作的情形。生長在西伯利亞的樹木，只有在夏天，才會主動進行蒸散作用，這表示只有此時源源不絕的水分，才會從樹冠層蒸發到大氣中；寒冬降臨時，大地萬物冰封，樹木則處於冬眠狀態，那森林的泵水功能，應該也會停止才對，答案是沒錯，根據研究團隊的觀察數據顯示，西伯利亞冬夏兩季森林水循環，呈現了非常顯著的差異。[38]

換言之，若是某個地區森林被毀壞，開墾成牧場或農田，當地雨量應該也會減少，幅度最高可能會到達雨量的百分之九十，以上是蘇聯科學者提出的理論。我覺得他們的推論非常合情合理，而且相當淺顯易懂，尤其現實生活之中，可以印證這個理論的現象早就俯拾皆是。自從二十世紀以來，亞馬遜雨林地區，乾旱發生愈來愈頻繁，同一時期，南美洲沿岸的海岸森林也逐漸消失，因為大規模的伐木，從沒有真正停止過，雨林面積不斷縮小，我們也可以這樣說：若是沿海地區的生物泵，被砍除消失了，引發的諸多嚴重後果之一，當然就是內陸地區沒雨可下，更不用說，德國境內的古老森林，也顯示了同樣的降溫效應，森林覆蓋地區雨量增加的情形，完全符合了森林具有泵水功能的論點。

科學界還有更多的研究，也可以證明森林與雲的「對話」，形成了「生物泵」的機制。荷蘭台夫特科技大學（Technischen Universität Delft）魯德．凡德恩特（Ruud van der Ent）的團隊，專門研究自然界的水文循環，[39]然而當研究進行到一半時，研究團隊卻被一個簡單的事實卡住：蒸發至空氣的地表水，應該在某時某刻，以降水形式再度落下，這個論述相當直接明瞭，但荷蘭研究團隊卻發現，水文研究領域裡，幾乎沒有學者將這一點考慮在全球水文循環之內。

水文界目前的共識，他們認為蒸發掉的水分，等於系統內部減少的水分，新增加的降水，屬於系統外部，注入循環圈的額外水分。然而，生態系中的水分，靠著森林的回收再利用，能夠長途傳送的事實，我認為很符合科學邏輯，而且一旦水文界普遍接受這一點，認可地球綠色之肺的真正功能，許多固有的理論和觀念，將必須重新進行天翻地覆的論證[27]。靜靜佇立的森林植群，早就在地球生態系統裡，自行研發建立了多個超大型連續水循環，不斷重複利用潮溼的空氣（最多可達十次），借力使力以此擴張地盤；轉頭看看自封萬物之靈的人類，只知道大量消耗自然資源，回收機制勉強算是差強人意，卻連森林程度的邊都摸不著——當然這是在森林沒有被大規模砍伐殆盡的前提之下。

現在，我們將俄羅斯與荷蘭科學家的兩份研究數據放在一起比對，我們很快就可以看出，森林在全球水分收支中的關鍵角色，完全被忽略了。森林不僅能影響地球上的氣流（透過蒸發作用產生低氣壓），驅動雲層從海洋沿岸往內陸飄移，還能提供氣團源源不絕的水汽。目前為止，許多林務官認為，氣候變遷與森林的唯一關聯，就是樹木不論死活[28]，都只是吸存二氧化碳的碳匯，每一根變成房屋建材或是桌腳的樹幹，還被「假環保人士」視為成功對抗氣候變遷的象徵，畢竟固定於木製品中的碳元素，與死去的枯木不同，再也不會受到細菌或是真菌分解腐朽，讓二氧化碳再度逸散到大氣中，在沒被燃燒前，二氧化碳都會繼續存在於木材中，不會被轉化。我們居然把活生生還在呼吸的森林，貶為只是負責鎖住二氧化碳的保險庫；對其調節全球水文，減緩溫差的影響力，視而不見。如果我們真心認可，樹木對氣候保護的巨大貢獻，我們將會毫不猶豫的馬上同意，森林的保育價值高於森林的產業價值。我們應該立刻著手

27 不認可的話，內陸的水分運輸循環，就與森林無關，水文領域對於森林挾帶水分子旅行的論點，仍有很多反對聲浪。

28 活的時候叫樹木，死的時候叫木材。

修法，限制減少板材生產與紙張的濫用。

森林呼風喚雨的超能力

水，也是人類維持生命最重要的元素，地球上沙漠遍布、荒煙蔓草的乾旱地區，常常發生了許多爭搶水源的激烈衝突，特別是流域經過許多國家邊界的河流，例如尼羅河。埃及人民百分之九十五的民生用水，取自這條長河，尼羅河河水若是乾涸，河谷區的農業便完全沒有經營發展的未來可言，埃及也等於滅國了。位於尼羅河上游的衣索比亞，卻在尼羅河上游建了一座水壩發電，這座水庫的蓄水量之大[29]，要經過多年分期注水才能填滿，讓水庫達到滿水位，讓水力發電轉化效力達到最大值。但水壩注水時期攔截的水量，就是中下游的埃及與蘇丹急需的用水，這場水壩之爭，目前靠國際間的居中斡旋，暫時緩解了，不過硝煙何時再起仍是個未知數。[40]

當人類有一天真正的意識到，森林也是操縱氣團的主要舵手時，那麼未來的某一天，國家間也很有可能為了森林起軍事衝突。只不過森林與水壩最大的差別在於：尼羅河沿岸國家，若是因為水壩有了爭端，只要打開水閘就可以馬上解決，但森林一旦被大規模砍伐開墾之後，復育就難上加難了，尤其是森林上方空氣的對流，沒辦法馬

29 這座水庫比三峽大壩還大。由於尼羅河下游的埃及與蘇丹都需要用水，不可能容許衣索比亞把所有水量都存在水庫裡，所以衣索比亞就採行在豐水期分期注水，希望有一天會達到滿水位。

上恢復。即使我們重新復舊造林，最短也需要幾十年，新生的森林才會漸漸成長復育，發展出成熟森林具有的生理機制。我們目前可以看到，人類嘗試在巴西大面積造林，這個地區已經開始復育一部分的海岸雨林，至於樹木生長快速的熱帶地區，森林復育需要多久，還有森林「生物泵」的功能是不是能回復如常，我們還需要耐心觀察一段時間後，才能得知了。

我衷心希望，人類在第二次發現森林對溫度與水文循環的影響後，能正視森林對全球生態系的真正價值。德國知名的旅行探險學者，亞歷山大．馮．洪堡德[30]，在一八三一年，就已經詳細描述了各種自然現象間的相互關聯：「隨著森林愈來愈稀少，空氣的溫度變得愈來愈高，氣候也變得愈來愈乾燥。乾燥的空氣讓地表水文循環減低，草地的水分蒸發量變小，最後反而影響了局部的氣候。」以上引用自洪堡德的著作《亞洲地質氣候局部論》（*Fragmenten einer Geologie und Klimatologie Asiens*）。[41]

讓森林發揮應有的機能

樹木群策群力想盡辦法降溫，甚至自行造雨，難道都只是巧合嗎？不管怎麼說，森林已經在地球上存在了超過三千萬年，我們知道這個綠色的木本巨人，會互相警

30 Alexander von Humboldt（1769~1859），德國自然科學家、自然地理學家，近代氣候學、植物地理學、地球物理學的創始人之一。

告防禦、會透過樹根互相幫助、甚至分享傳承經驗，所以我堅信木本巨人「抱團取暖」的策略，早已成功化被動為主動控制氣候了。它們並沒有默默忍受極端氣候，反而早就將部分情勢的主控權，掌握在自己手中，或者說，掌握在自己的「葉子」之中。目前有許多樹木，大批大批枯死於乾熱的夏天，跟這個說法並沒有衝突，而是恰恰相反：枯死的森林在告訴我們，當人類經營森林，將森林劃成一區一區，清理林地改種上不適合的樹種，進行人工撫育作業後，帶來的後果就是，目前全球剩餘的森林分布，不僅破碎而且面積過於狹小，這些「殘林」無法在全球生態系統中，發揮森林應有的機能。那究竟要怎麼做才能逆轉這個趨勢，讓森林生態復舊如初（保證會成功！），我會在接下來我們共同的森林漫步中，向你們揭曉。

既然這個身形雄偉的木本植群，能夠同心協力創造地區性的微氣候，那我說我深深相信，樹木也會推己及人，互相合作，不是非常合情合理嗎？關於這一點，目前學術界有許多最新發表的相關研究結果，我想要與你們一同分享。

第9章 樹木的敦親睦鄰

「母樹」這個名詞，源自於林業術語，幾百年前的人們說不定就已經發現，父母樹對後代的照顧，與人類父母對子女的關愛非常相像。親愛的讀者，希望你們還記得，我最初寫的幾本森林系列書籍之中，提到父母樹會透過地下柔嫩根部的連接，餵哺營養的糖液給小樹苗，如同哺乳類以奶水哺乳幼兒。父母樹的樹冠亭亭如蓋，林下光線幽微昏暗，抑制了活蹦亂跳的小毛頭生長，若沒有父母的遠見，小毛頭獲得充足日照，不知節制拚命向上抽高，不斷增粗樹幹，最多長到兩百歲就會力氣用盡英年早逝了。不過小毛頭若是乖乖待在昏暗林下耐心等待幾十年，或是幾百年，它長成大樹壽終正寢的機會就高多了。陰影表示日照量低，少量的陽光造成糖分產量低落，父母樹溫柔的強迫小樹苗「慢活」過日子，並不是大自然的巧合，世世世代的林務官，口耳相傳這種行為是「調控光照資源的教養」，一種父母樹刻意創造的低光源撫養環境。

從父母那裡學到敦親睦鄰好習慣，樹木長大成人後也不會忘記，繼續透過根部互相輸送糖液，幫助體力衰弱或是生病的植株，再度恢復健康，然後復元的樹木，再與其它森林植群攜手，共同維持涼爽溼潤的微氣候，創造雙贏的局面。所以當全球物種都面臨著氣候變遷威脅的此時此刻，人類最應該做的事情是放手，相信森林有能力自行應付目前的挑戰，並且盡快停止對枯木殘枝的物盡其用（其實許多時候它們只是生病了而已）。

樹木個體間互相禮讓與支援的行為，可能比我們目前所知的更加錯綜複雜。亞琛大學（Aachen Universität）的研究生在我轄區內進行調查，他們發現，在不受人為干擾、天然古老的山毛櫸林裡，植株間的健康狀態相差無幾，不同家葉子工廠的工作進度也相當一致，光合作用的糖分產量幾乎沒有強弱之分；至於人工經營的山毛櫸林內，鄰居常常被砍伐移除，留下來的植株好像變得非常自私，調查數據顯示，留存植株之間光合作用的能力，有著非常顯著的高下之分。

我對這個結果一點都不感到意外，畢竟山毛櫸人工林裡的植株，不管是透過樹根還是樹葉，個體之間的連接已被切斷，無法互相溝通了。自私的植株停止互相幫忙，或許應該說，不同植株的距離，因人類干預後變得太過遙遠，所以最接近事實的推測，可能不是樹木性情大變，自私自利只替自己著想，而是殘酷的現實，逼迫了樹木成為獨行俠，必須學會在沒有鄰居的守望相助下，孤軍奮戰。

阿拉伯芥的實驗

科學界以典型的實驗室植物，阿拉伯芥（Ackerschmalwand），進一步研究了植株間互相禮讓、守望相助的行為。這個草本植物生命週期短暫、結實多、最高只會長到三十公分，再加上基因定序已完成，被研究得非常透徹，相對來說非常矮小——跟會長到三十公尺高的樹木比起來，是非常有吸引力的特點，所以阿拉伯芥大概就像是植物界裡的實驗室白老鼠。[42]

兩位來自阿根廷首都布宜諾斯艾利斯的學者，瑪莉亞．克麗比（María A. Crepy）與荷西．卡薩爾（Jorge J. Casal），他們的實驗室裡，也長著這個綠色的小東西，他們發現阿拉伯芥為了互相禮讓，葉子會調整到適當的角度。當這個綠色植物長得太密的時候，葉子免不了會遮到鄰居的光線，產生了陰影使得鄰居光照量變低，光合作用效率也變差，我簡單總結一下：鄰居植株的營養變少了。結果當然是鄰居生長勢愈來愈弱，假設「植物永遠都互相競爭」的理論正確，佔到先機的植株一定是利用高空優勢，想盡辦法壓迫鄰居植株——但是研究團隊的實驗結果卻顯示，植物並不是不計任何代價，時時刻刻進行生死鬥爭，特別是當阿拉伯芥要是認出隔壁鄰居是自家親戚時，便會改變自己的行為，只要鄰居是自己人，阿拉伯芥便會照顧它，調整葉子角度，避免家人親戚因為光照減少餓肚子。

聽起來很瘋狂很不可思議？人類要是認為分辨家族成員、互相禮讓、幫助朋友親戚，只存在人與人之間，才是更瘋狂的偏見。自然界中隨處可見，家庭成員間互相幫助，明顯提高存活率的例子，所以許多生物的棲息地上，要是孤立的個體太過弱小，便會組成群體，便能順利覓食繁衍，許多物種進行團隊合作的情形俯拾皆是。例如，哺乳類通常是建立家族、草食動物則是組成群體、鳥類偏好雙宿雙飛，像是烏鴉。即使是天性屬於單打獨鬥的黏菌（Schleimpilze），也會和其它細菌合作，一同長出子實體（Fruchtkörper）繁衍後代。

那阿拉伯芥到底是如何分辨，誰是它的家族成員，誰是外人呢？我們只要想想森林植群的主要聯繫網絡，答案便呼之欲出了：樹根負責分辨家族成員。從一九九〇年代起，我們就知道木本巨人會透過樹根，互相支援養分、交換信息，以及認出家族的小樹苗，現在瑪莉亞・克麗比與荷西・卡薩爾，決定替阿拉伯芥增加一些難度：他們將兩棵阿拉伯芥，分別種在不同的花盆裡，這樣一來阿拉伯芥就被孤立起來，沒辦法靠根部與鄰居溝通，但是科學家把花盆擺得很近，近到它們的葉子能夠互相接觸，產生陰影遮到對方，現在事情變得愈來愈有趣了：不同花盆裡的植株，居然認出了有些鄰居屬於家族成員，這時就調轉葉子角度，避免搶走親戚太多的光照資源。研究人員發現，阿拉伯芥原來是以特定的紅藍交錯光譜，認出自己的親戚，或者我們可以這麼說：阿拉伯芥「看見了」誰是它們的血親。為了排除其它因子，確定的光譜組合就是辨識親戚的主要因子，兩位科學家也進行對照組的實驗，他們選了兩株有親戚關係，但是沒有光譜接收器的突變阿拉伯芥，重複以上的實驗，結果是：兩棵植物果然沒有互相禮讓，葉子角度文風不動，因為它們看不見對方發送的資訊。

阿拉伯芥也不是植物界裡動作最快的草本植物：所以大概要花幾天時間，樹葉轉向的過程才會結束。當葉子轉開之後，鄰居植株就能獲得更多光源，但是這樣的互相禮讓，到底有什麼好處呢？畢竟在轉向前，植株甲有片葉子位於最上方，找到了最佳展開角度以接收最大量陽光；但是為了體貼鄰居植株乙，植株甲調整後的葉子角度，反而替自己下方葉子製造了陰影，但因為兩株植物屬於同一家族，植株乙也禮尚往來，調整雙方低處交疊的葉子，最終總結下來，植株甲位於植株乙下方葉片的光照總量，反而增加了。更多的陽光＝更多的能量＝更好的體力。總之，上述實驗所有的數據都顯示，與大家族同住的阿拉伯芥，平均有著較高的種子產量，而且方方面面的生存指標，都比隨機混種的阿拉伯芥成功。[43]

林中的樹冠羞避

那樹木也會像阿拉伯芥一樣，禮讓家族成員調整葉子嗎？這一點還沒得到證實，但是有個現象，已經困擾了科學界一百多年：樹冠羞避（Crown-Shyness，冠溝現象）。如果你在仲夏時分，到闊葉林裡漫步仰望樹冠，有時候你會發現樹冠的樹枝末梢，與旁邊樹冠間有許多細小間隙，這些間隙常常小於五十公分。好像沒有一棵樹，敢將它的枝椏伸進空隙之中，若我們從空中鳥瞰整片森林，樹冠之間互相禮讓留下的空隙，就像一張綿綿密密的網絡。

所以到底是樹木禮讓鄰居，還是如許多研究人員推測，樹冠羞避現象是「風吹樹」的緣故？學術界的假設：樹冠不斷晃動，與鄰居最外圍的樹枝碰觸產生摩擦，樹木想要避免被鄰居「騷擾」，所以樹冠間就留下了那些空隙。[44]「樹冠羞避」的成因，依學術目前的假說，與樹木互相禮讓無關；這可能只是單純的物理現象，但若我們走到戶外實地考察，卻會輕易發現，這個假說與事實不符。戶外的森林裡，隨處可見樹枝互相摩擦碰撞，沙沙作響，有些樹木甚至毫不客氣將枝椏伸進鄰居的樹冠中，森林裡隨時都有清風拂過或暴風襲來，所以這個「摩擦效應」（指的是由於樹枝間大量摩擦，造成樹枝斷裂產生空隙的理論）應該是觸目皆是才對，可是事實並如此——你走到森林裡，必須抬頭仔細尋找，才看得到「樹冠羞避」的現象。

若阿拉伯芥互相禮讓家族成員，含有特殊意義與目的，那麼樹木尊重鄰居的行為，在森林裡卻是可遇不可求，也應該有個合理的解釋：德國目前的森林幾乎都由人工栽植，人工造林的種子來自於育林苗圃，苗圃採集種子後將其均勻混合，最後的結果，培育出來的苗木從小都跟一群陌生人一同長大。根據我的經驗，若是想要觀察樹冠羞避的現象，只要往天然林找，特別是幾百年來都緊密住在一起的山毛櫸家族，看到的機率反而特別高。目前我還沒找到相關研究，不過二〇二一年的夏天，我已經受邀去參觀羅馬尼亞的原始林，到時候我會注意是否天然林真的比較常看得到樹冠羞避。我不僅僅去那裡聲援地方環保人士，參加他們策畫的報刊電視廣播宣傳活動，我也打算好好利用這個機會，享受在碩果僅存的原始林漫遊。

積極因應氣候變動

我在這裡引用生物學家羅莎・比婭絲（Roza D. Bilas）與她的團隊發表論文的摘要，非常鞭辟入裡適合當這章的結語：許多最新發布的研究提出了反證，面對持續變動的氣候環境，植物並不是無力回天，毫無應對之力……畢竟植物已經在地球上存在超過五千萬年，擴張至地球每個角落，然而我們卻認定植物能做到這一點的前提，是在它們——不管是對朋友、鄰居或敵人——無法做出適當反應的前提之下，簡直是以人類中心主義為出發點才想得出來的荒誕假設。[45]

樹木不只能與同文同種的生物和諧共存，森林植物社會最關鍵的部分，正是由體型最迷你的微生物組成，雖然牠們到目前都一直沒真正受到重視，不過至少我們，親愛的讀者，我們馬上就會一起對牠們有更深的認識。

第10章 樹木與「小小兵」的利益輸送

我認為與反對你觀點的人辯論，既有趣又可以更深入的學習。基於這個理由，我與我兒子托比亞斯（Tobias）（森林學院的院長），特地邀請了我最主要的批評者之一，到威士賀芬鎮作客，當我們討論到森林生物多樣性的主題時，一下子就進入白熱化階段。這位任教於應用科技大學的教授，同時也是林業學者、林業經濟發展最忠實的擁護者，堅持我們的見面一定要有媒體在場，他強調進行疏伐作業伐採林木，對大自然有益無害。原木收穫後造成留存林分[31]的微氣候溫度增高，陽光大量直射地表，反而讓生物多樣性因此「顯著地」增加，以上是他模稜兩可的論點。每次聽到這種似是而非的論調，我總忍不住嗤之以鼻，不單單只有我認為這個理論從頭到尾都不科學，若

31 林業術語，林分為森林之一部分，有許多樹木聚生在一定面積之林地上，其樹種或樹齡之構成等皆成均齊狀態，足與森林中之其他鄰接地區之森林區別者謂之。

想要判定生物多樣性有沒有增加，事先必須進行嚴謹的調查，確定樣區內所有物種數量，伐木作業結束後，只要用非常簡單的數學，將伐木作業前後物種數量相減，就可以知道伐木對生物多樣性有害還是有益。但很不幸的是，對於德國本土的森林裡，到底有多少物種，科學界對此的研究，仍只在萌芽階段。

來自於科羅拉多州立大學科林斯堡的凱利．拉明磊茲（Kelly Ramirez），與他的研究團隊試著粗略統計，到底土壤裡住了多少生物。研究團隊從紐約中央公園總共蒐集了大約六百份的土壤樣本，然後進行基因分析，他們發現了十六萬七千一百六十九種不同的物種——體型都是與細菌差不多大小的微生物，其中未被鑑定的種類：大概十五萬種！[46]

平常我若是有機會遇到專家學者，特別喜歡請教他們，德國到底還有多少未知物種，根據我個人進行的問卷調查結果，學者平均認為約有百分之八十五的物種還未被發現，換言之，德國目前已知物種，只佔德國生物總量的百分之十五；全球生態系未知與已知物種的比例，應該也與德國數據差不了多少。

我們拉回到與林業學者的對談：我同樣也在談話中客氣的問他，是否同意其他學者對德國仍有許多未知物種比例數字的看法。「喔，您一定是在說細菌與真菌對吧！」他用不屑的口吻回答道，顯然對他來說，這些生物完全不值一提，更別說花費力氣研究這些生物了，但我們若無法鑑定細菌與其它微生物的種類，便難以全盤評估生態系所受到的干擾，至於說到比較生物多樣性豐富度的增減，幾乎等於是偽科學了。

「微生物在生態系中舉足輕重，我們卻只對其略知一二，這也等於『微生物大發現的時代』正式開啟了」，美國學者羅蘭多．羅德里奎琪（Rolando Rodriguez）研究團隊如是說。[47]

這些迷你小傢伙對人類的重要性無可比擬！只要看看你自己的身體就知道了。你身體的犄角旮旯，到處都被微生物定殖，數量多到至少與人體細胞不相上下，微生物屬於你身體的一部分，就像紅血球或神經細胞一樣。近幾年的研究結果不斷向我們揭露，微生物如何影響我們的生活，舉個例子，腸道益生菌能夠產生信使物質[32]送至腦部，簡單明瞭的說：細菌與人類息息相關，細菌能讓我們感到恐懼或憂鬱，進而改變我們的行為。[48]克里斯蒂安－阿爾伯特基爾大學（Christian-Albrechts-Universität zu Kiel）研究團隊的首席科學家湯瑪斯．博世（Thomas Bosch），進行了更深入的研究，他發現人類原始神經系統演化之初，並不是為了控制我們的身體部位，而是為了與體內的微生物溝通，[49]如此一來，德國常用的說法「我要聽聽我的胃怎麼說（我要聽從我的直覺）」，突然變成了有科學憑證的說法。

我們每個人都與數以千計的微生物，組成了與眾不同的小型生態系，這個組合如同指紋般獨一無二。光是我們的手掌上，平均定殖了一百五十種不同的細菌，而且左手和右手的菌落群還有差異，共通的菌落群大約百分之十七，不同個體間的手掌，相同菌種只佔百分之十三，研究團隊從受試者的手上，總共鑑定出了四千七百四十二種的微生物——為了讓大家對這個數字比較有概念，我們與脊椎動物多樣性的豐富度對

---

32 Botenstoffe，化學信使攜帶特定訊息給人體細胞，目的是回應和適應內部和外部環境，有助於調整身體的機能。

比一下：整個歐洲的鳥類大約少於七百種。[50]生物多樣性的熱點就在你手上，補充資訊：這個「微米宇宙」即使在你洗手後，也不會因此被摧毀，這些「小小兵」會快速的繁衍，短時間內就立刻回復成原本的菌落群。[51]

人類沒有微生物便無法存活，對微生物來說反之亦然，按照科學的定義，我們應該將人類與微生物視為全新的整體：合生體（Holobioten, holo = 共同，bios= 生命）。地球被合生體佔領，聽起來好像是科幻片才有的場景，但是將每個物種分別視為單獨的個體，現實中有很多例子顯示，已經愈來愈不合理，特別是對於多細胞物種，當然也包括由一百兆細胞組成的人類，[52]「生物多樣性」這個術語，已經難以精準的詮釋物種豐富度，因為我們將物種視為合生體後，多樣性會變得不計其數——別忘了，每個合生體都是獨一無二的。

幾乎所有多細胞生物，都可能與其它千千萬萬的物種，形成獨特的生態系統，樹木當然也不例外，若我們認同了這個觀點，我們將會，不，我們「絕對要」徹頭徹尾改變對待森林的作法與態度。艾伯斯瓦得永續發展科技應用大學的皮耶雷・伊必敕教授，對這個觀點鏗鏘有力的解讀如下：「生態系中許多交互作用與演化方向的基礎，並不是來自於『物種』，學術界最後終究會承認，推進生態系演變的主要動力，其實是來自於合生體所構織、具高度複雜性的『微米宇宙』。目前人類正以前所未見的規模，過度頻繁干擾生態系結構的每個層面，與此同時，我們對重新瞭解森林生態系與全球生物圈的研究卻才剛剛展開，可想而知，所有相關的知識領域裡，到處都還存在著許多巨大的『盲區』。」[53]

合生體的宏觀視野

當全局的視野愈來愈模糊，我們就應該先停下來，按兵不動，仔細思考觀察局勢的發展。但許多生物界的學者，對於近幾年來不斷發生的重大自然災害，以及最新的研究數據，反而愈來愈少從宏觀的角度審視，或者我們換另一種說法：現代的科學研究方法，自古至今其實幾乎很少從大局的角度思考。科學分科太細，依不同功能將生態系裡的物種分門別類，不僅與現實世界的自然法則完全不相符，事實上，這套方法根本就行不通。源自於幾百年前的世界觀，認定每個物種都有特定功能，那時的生物學家相信，整個生態系如同一部精確校準的機器，所有物種誕生的那一刻，就被賦予特定的使命，牠們終其一生，就為了達成使命活著，接著便死去消逝。使命的定義以有沒有利用價值來界定——當然是指對人類而言，昆蟲之所以分為害蟲或益蟲，是因為有些昆蟲對人類在乎的事物具有正向影響，這套哲學的關鍵點：完全以人類為宇宙中心，人類在生態系裡沒有特別的功能，所有物種都是「大自然機器工廠」的員工，終其一生的任務，就是忙著服務屬於物種頂端的萬物之靈。

為了瞭解這部機器，人類以實證科學的方法，將生態系統解構成不同的「齒輪」，也就是物種，但是謎樣般的大自然，並不是這麼容易洞悉，「物種」這個專業名詞早被不可否認的事實推翻了。現在我們已經知道，只有以合生體的概念，才能夠真正瞭解無時無刻不在變動的生態系，就如同前面提到的，每個人都是天下無雙的「微米宇宙」。但造成這些難題的細菌，卻引發了進一步的討論，菌落群裡不同的菌種，真的可以定義為單獨的物種嗎？根據過去對物種的定義，兩種生物能夠透過交配，產生後代就屬於相同物種，但這不是細菌的繁衍方式——細菌可以輕而易舉分裂生殖，然而這點又給科學家帶來新的燙手山芋，分裂生殖完成後，我們要將其看成兩個新細菌，還是一個是親代細菌，一個是子代細菌。更何況這兩個細菌之間的遺傳差異非常大，人類與大猩猩之間基因的差異，只有百分之五，細菌同一個「物種」之間，基因的差異度可能高達百分之三十。[54]為什麼學術界願意接受微生物的特殊情況，卻拒絕套用同樣的定義到動物身上？因為這樣一來，學術界就必須承認，「物種」的定義在細菌上全面潰散，完全不符合科學邏輯。我們應時時以細菌為鑑，警惕自己，不管科學多麼進步，也沒辦法強行規定地球無數的生物，只按人類編想的法則演化。

現實往往比科學理論更加盤根錯節，細菌是病毒的宿主之一，換言之，細菌會被病毒攻擊或吞噬，目前研究資料顯示，人體內大約有三百億不同的病毒，能夠穿過腸道的黏膜細胞，進入血液循環後分散到不同的器官，所以人體內的細菌每天（！）也會受到許多人體內的病毒感染。[55]

哇！你們是不是已經頭暈腦脹了？至少我的大腦已經超載了，說了這麼多，其實瞭解病毒細菌怎麼運作根本無關緊要，重要的是能夠坦誠面對，人類對生命奧祕所知仍然非常有限，有著一葉障目，不見泰山的風險。一旦明白了這個事實，你其實已經敞開了心胸，願意學習新知，同時你也領悟了人類的渺小，不忘時時保持對大自然的敬畏之心，並且開始接受，沒有「好心」的人類，大自然反而生生不息，欣欣向榮。與大自然共存最理想的作法：全球生態系牽一髮而動全身，如果我們想要守護人類賴以為生的地球，我們就要學會當個「甩手掌櫃」，不插手不介入。雖然我們時不時能聽到，零星區域瀕危植物或動物復育成功的例子，但基本上特定生態系復舊之所以成功，主要都是人類只在開端，加速了自然進程，創造了接近原生地的環境，其它的部分則由大自然接手，最後自行復元。不過要求「急公好義」的人類對大自然置之不理，有時卻是難如登天。

細菌的固氮作用

看來我完全跑題了，現在再拉回來到植物，這本書我們特別關注樹木，話說樹木與細菌的合作，或者說兩者結合成共生有機體，不是什麼新鮮事。你還記得學校教的生物課吧？生物課講述根瘤菌（Knöllchenbakterien）時，提到根瘤菌以及其它細菌對植物非常有益：牠們能夠將大氣中的氮氣轉化成氮肥，這種製造肥料的能力，自然界中能與之媲美的只有人類了；人類發明了化學工業，自行生產肥料。若沒有細菌的協助，樹木能指望的只有打雷、火山爆發，或是天然的森林火災，這三種發生機率非常低的自然現象，也能將空氣中的氮轉化成植物可利用的氮肥。於是有一群細菌看到了這個商機，做起了雙贏的生意，連帶也解救了受苦受難的樹木，不過牠們並不是以大愛無私的精神，免費提供服務，因為細菌若不找樹木合作，便得單獨面對大自然殘酷的生存試煉。

小不點提供固氮服務，需要盟友提供美味的營養液為報酬，你是不是覺得「互利共生」這個代表不同物種之間協作的專有名詞已經到嘴邊了，慢著慢著，先忍忍，話說這個共同合作的定義很廣泛，螞蟻和蚜蟲之間的微妙關係也算進互利共生的一種，螞蟻用牠的觸角拍打蚜蟲，刺激牠們分泌蜜露，收了保護費的螞蟻，在瓢蟲打牠牧養的小蚜蟲群主意時，便擔起保鑣的職責，不過蚜蟲和螞蟻即使沒有對方，也能單獨生存。

以前我們會認為真菌與藻類同居互惠互利，也是「互利共生」最典型的代表，但是真菌與藻類結合形成新的物種後，再也無法單獨存活，從這個時間點起，以互利共生闡釋地衣已經不夠精準了；目前愈來愈多的學者認為，地衣應該被視為合生體才恰當，不然，人類血管裡負責攻擊病原體的吞噬細胞，就應該被排除於人體之外，視為另一個新的物種才對[33]。

根瘤菌與樹木結合前，獨自存活於土壤裡，為了聚集這群小幫手，樹木以營養液當誘餌，從根部附近的土壤撒出去，根瘤菌被甜味吸引後，往根部的根毛附近移動，接下來就更有趣了：當根毛與細菌確定對方是「好朋友」時，樹木便允許細菌進入根部組織，對我來說，從這一刻起，樹木與細菌間的關係就不能以互利共生稱之，此刻兩種相異的生物已融合成共同有機體（合生體）了。現在樹木忙著為新來的訪客，準備舒適的客房，讓根瘤菌搬進去住得舒舒服服，辛勤的合成氮肥，樹木做這些事情，需要消耗額外的能量，不過最終樹木都會得到氮肥當作回報。樹木靠著與根瘤菌合

33 吞噬細胞脱離人體無法單獨存活，人類沒有吞噬細胞沒有免疫能力，也很容易死亡，如同真菌與藻類結合成地衣後無法單獨存活一般。

作，能夠在某些貧瘠缺氮的土壤上生長，而樹木天生注定長得比禾草類雜草（Gräser）或闊葉型雜草（Kräuter）高大，與根瘤菌融合在一起，替樹木創造了高度上巨大的優勢，赤楊屬（Erlenarten）的樹木或刺槐也都會利用根瘤菌，但是仍有許多樹木，學不會與根瘤菌種合作，另外有些樹種明明具有合作的能力，卻遲遲不肯這麼做，德國本土這麼難搞的樹木就是千金榆，到現在還假意推辭，不讓根瘤菌進駐，至於為什麼會發生這種情況，直到今天，仍是大自然「不能說的祕密」。[56]

樹木與細菌在樹根外部也同樣是相濡以沫，它們之間如何同甘共苦，細節還需要更深入的研究，但是我找到了很有趣的文獻：根據荷蘭的生態研究機構在瓦格尼根（Wageningen）的研究，植物也具有抵抗病菌的免疫系統，不過它們與人類或動物最大的不同之處，在於植物的組織外部也有免疫功能，樹根附近聚集了許多特定的菌落，與樹木同居，然後細菌會幫忙樹木抵禦腐朽病菌的入侵。[57]

人造的「科學怪林」

最後我們再回到特地造訪艾費爾山脈林業學者的那場談話，他明確表示，不同生物間這種錯綜複雜的同居關係，根本微不足道。我們的對談之中，他僅僅以已知物種的數量，便評斷了森林生態健康狀況的優劣，但是當大部分的學者，都估計德國可能有百分之八十五（或許更多）的未知物種，所以生物多樣性數字的多寡，不應該當成評估生態系健康的指標。學術界任何關於人類通過對自然環境的「適度」干擾，是否能夠增加當地生物多樣性的研究，統統是偽科學，因為這些研究都沒有完整的資料數據當基礎。至於以守護山林為主旨的林業，編造了透過大面積皆伐[34]作業與廣植人工林，能夠增加生物多樣性的流言，我們正常人聽了馬上會覺得是一派胡言，森林學術機構居然奉為真理並廣為教授傳播。還好，不久的將來，我們已經想出了打擊假知識的應對之道；我在這本書的之後幾章會更加深入說明。

學術界對最新數據或認知保持沉默，歷來其實屢見不鮮，但是林業研究學者緘默的後果，卻是相當嚴峻。森林是遏止氣候變遷的關鍵因素，而且林業經營的發展，從很久很久以前，就已經對全世界三分之二的森林生態，造成了嚴重的負面影響。[58]

當我們只要提到生物間複雜的共生關係，特別是有關許多不同的「小小兵」，對保持森林生態系平衡至關重要時，森林相關產業的回應，依舊保持以往簡單粗暴的路線，還常常讓人覺得荒謬可笑。林業主管機關所提出的氣候變遷應對之道，就是典型換湯不換藥的作法：他們建議，大肆砍伐德國本土的天然山毛櫸林，改種上人工林，主要造林樹種則應使用外來的七葉樹或者是黎巴嫩雪松（Libanon-Zeder）。錯誤的造林政策，最後造成了德國森林因為「大換血」，從此變成了人造的「科學怪林」。「科學怪林」面對氣候變遷不僅缺乏韌性，經營管理上也有許多未知的風險，那為什麼人民信任託付，專責管理守護森林的林業專業人員，居然如此愚昧無知，我會在本書的第二部告訴你們。

---

34 皆伐是林業和伐木業採取的一種方法，指一致地伐光一個區域內的大部分或全部林木。

第二部 森林真的可以經營嗎？

第1章 經濟林的困境

傳統的林業經營，現在陷入了非常嚴峻的處境：雲杉與松樹人工林，以前所未見的大面積接連死亡，民間大眾也漸漸警覺，造成森林死亡的主要因素，氣候變遷僅僅只是其中之一。樹皮甲蟲的危害不斷在單一林相人工林中蔓延，許多森林陷入火海，只剩下一片焦土，電動鏈鋸一根接一根鯨吞蠶食整片樹林，大幅削弱了森林原本能夠自行造雨降溫的功能。

林業相關人員一定很懷念，以前那段漫長美好的舊時光：全世界曾經有許多國家效仿德國，將境內大部分的天然林轉成經濟林，以人工經營管理森林，為林產工業提供了穩定的木材來源。林業會選用生長快速的樹種，持續改良種子，不斷長期擇伐，只留下具有人類喜愛特徵的「優良」立木[35]，原木生產就如同肉品生產的集約化

35 林業專有名詞，立木指立於林地上之樹木而言。

養殖：以年輕、生長快速、達到理想收穫樹圍為終極目標，高效率培育「肥到可以殺了」的樹木。

也如同集約化畜牧，許多動物常常因為體弱免疫力低下，很容易生病，人工經營的樹木也不例外，我們已經親眼目睹，許多森林不斷因為病蟲害或自然災害，大面積枯死病死。「集約化育林」（Massenbaumhaltungen）生長的木材品質與原生林有天壤之別，但是普羅大眾對此一無所知。木材工廠早已調整好了機器，專門高效加工處理細瘦的樹幹，或品質奇差的木材，至於樹木活在人工撫育之中，長期受到了非「樹」的對待，林木品質惡化的情形，林業一點都不在乎，因為人類早已發明新的技術來解決這個問題。你們到木材市場上找找，看看還買不買得到由整株原木製成的高大圓柱——應該是找不到了，近年來房子梁柱的建材，都是合板壓縮或是黏著而成，因為合板廠已經不必受限於原木的粗細，現在只要靠化學黏著劑，合板廠就能製造符合市場需求各種尺寸的木板。

整個產業鏈似乎都皆大歡喜，卻沒人發現，密集的經營利用森林資源，早已使得整個生態系變得不堪一擊，氣候變遷只是壓垮駱駝的最後一根稻草，過去幾年間，這隻「灰犀牛」[36]不斷以各種上新聞頭條的天災人禍，向我們揭露官方林業政策的錯誤，導致林業的未來大廈將傾，並且正以電影鏡頭的慢動作，走向獨木難支的結局。

---

36 意指極可能發生，影響巨大、但被忽視的威脅，不是隨機的驚奇，而是經過一系列的警告與明顯的證據後所發生的事件。灰犀牛生長在非洲大草原，身軀龐大，給人一種行動遲緩、安全無害的錯覺，值得注意的是，一旦灰犀牛狂奔，將有爆發性的攻擊力，最終恐引發破壞性極強的災難。

更不用說與農業相比，林業經營風險非常難以預測或是控制，不過兩者產出的作物之間，卻有許多相似之處。原木[37]其實非常容易腐壞——若是選在溫暖夏季前後大半年期間收穫原木，伐木業者通常只剩下短短幾週，在真菌或昆蟲將木材啖食殆盡之前，將原木運送到鋸木廠加工；若是排在冬天，原木保存期也變得愈來愈短，因為氣候變遷造成暖冬，真菌依舊能躲在木頭裡繼續潛滋暗長。

不可測的長期風險

林業與農業最大的差別，在於從撒下種子後到能夠收成，收穫期的長短。德國農業作物幾乎都是一年一熟，而林農一旦決定種下的樹種，必須平均等待六十到兩百年以後，才有機會改變心意。但是現在有誰能夠準確預測，六十年後或兩百年後，木材市場需要什麼樣樹種生產的木材呢？氣候變遷除了提高森林經營的不確定性以外，也造成了林業目前最大的困境，不是未來木材是否有銷路，而是要煩惱樹木在枯死前，樹圍是否足夠粗大、是否能活到適合收穫營利的年限。

好像這些挑戰都還不夠，即使沒有氣候變遷，每隔幾年的冬天，德國都會有強烈的溫帶氣旋登陸，許多樹木因此倒伏或是被連根拔起，如同前面提到，原木屬於易腐朽的天然產物，所以颶風過後，大量受潮的原木會「跳樓大拍賣」，後果就是木材價格

37 活著的樹木被砍倒，屍體就叫作原木。

斷頭式下跌。那現在我們當然會問，如何補救因為天災所產生的材積與金錢損失，農夫若不幸遇到天災，通常耐心等待下年到來，便可以從頭開始，林業經營碰到天災，颶風「砍倒」了太多樹木，唯一的應對辦法，只能緊縮預算守著留存的林分——而且這是德國森林法規的規定。這幾年來，乾旱發生得愈來愈頻繁，隨之而來的是樹皮甲蟲大舉入侵，以及人類對原木家具的需求從未停止，但是人類一向都是非常善變，木製家具的流行樹種每幾年更換一次；或者有時候，碰上林業大環境流年不利，內外交困之下，後果往往就是整條產業鏈崩潰，例如礦業以前坑道的支架，都是用木製的「牛條仔」（Grubenholz），但現在完全改用金屬或是混凝土支架了。

我來小結一下：森林經營計畫的經濟風險，長期來說已經變得無法預測。但是許多國有林或是私有林的地主，依法仍舊要提交以十年為期的經營計畫，為此林主必須大費周章測量林木，研擬計畫，然後發現十年之後，每次森林現況都與原本預測差了十萬八千里，根據我目前的經驗，這種耗費大量人力物力的長期計畫，對森林經營管理從來沒有任何實質的幫助。

林業的長期計畫之所以毫無用處，另一個關鍵因素，是即使森林還算健康，沒有生病或受到自然災害，每年林木的生長量，卻受到了很大的影響，這一點即使對林業外行人來說，也能一下子就理解其中的因果關係：夏天樹木被迫落葉，當然沒辦法如好年冬的景況，持續平穩生長的木材材積，若整體大環境依舊沒改善，基本上過去幾年，沒有幾年是我們熟知的正常氣候，那事先已經交出去的十年森林經營計畫，當然必須修正，或者這樣說更合適：絕對要修正。

我主持的森林學院有提供林業經營諮詢服務，我們在與林主的對談中常常發現：大部分林務官對氣候變遷的風險知覺，好像都與財務報表的風險畫上等號，他們將枯死雲杉林分，計入資產負債表之中，但是對於留存於林地上的山毛櫸林與橡樹林，苦苦掙扎的林木生長量大幅減少，卻好像渾然不覺，完全沒有將其列入減損項目。目前健康狀況每下愈況的森林，即使是對於抵抗氣候變遷的威脅最具韌性的本土樹種：古老的橡樹林與山毛櫸林，成熟森林植群的功能漸漸被摧毀，森林土壤受到陽光直射不斷烘烤流失水分，許多樹高入雲的老樹植株，再也承受不了惡化的環境條件，因而紛紛死亡。上述種種森林危機，德國聯邦林務局卻仍舊沒有提出適當的應對之道，特別是處理公共關係的應對，一向都不是他們的強項。老山毛櫸持續集體死亡怎麼辦？沒關係，那我們就用炸藥移除——至少這樣還可以上媒體頭版！

第2章
老樹不死，只是逐漸凋零？

二〇一九年九月的某個星期日，圖林根邦森林上演了一場動作片：山谷間迴盪著轟天震地的爆炸聲，震耳欲聾，老山毛櫸吱吱呀呀開始向下傾斜，最後「砰」的一聲倒地，樹冠枝枒斷落，碎片四濺。在炸樹事件發生之前，林地上先出現了多位德國國家自衛隊的士兵，忙得不可開交，將炸藥引信放進樹幹裡，想盡辦法把巍峨巨木炸成碎片。[59]

第一次石破天驚的引爆，一瞬間炸倒三十棵山毛櫸與兩棵雲杉，木塊枝條隨之碎落滿地。政府提供了極具震撼效果的公關宣傳，媒體當然要跟風報導，林務單位非常重視森林滅絕危機，全力處理控制情況，但林務單位這樣鑼鼓喧天的作法，說實話，有點矯枉過正。實際現場操作的情況是，爆破專家必須接近枯死老樹，才能進行爆破準備，不過若是這些枯死的老樹已經搖搖欲墜，有著下一秒鐘隨時會傾倒的風險，依法其實誰都不許靠近樹木，但當政府機關既然批准爆破專家靠近樹幹底部，用炸藥清理林地，我不禁要問，為什麼他們不直接將老樹用鋼索綁好，再以大型捲場機固定，然後在安全距離之外，開動曳引機拖出搬運呢？此時此刻，我心中不由得升起了小小的「陰謀論」，我忍不住懷疑這場「聲量很大」的清理病死木作業，只是一場聲光效果俱佳的森林秀。

德國各地類似的伐木作業也一直發生，不過沒有這麼驚天動地讓人震耳欲聾。老山毛櫸病重孱弱，林業人員並不是天性殘忍，非結束它們的生命不可，他們只是想要預防潛在的危險，例如老樹的側枝有可能斷落，掉下來砸到行人，或許整棵樹突然傾倒，造成人類生命財產的損失。於是全世界體積最大、噸位最重、令人聽了名字就為之戰慄的「迅猛龍」（Raptor）伐木收穫機，便開進了森林，進行林木伐採作業，多功能的林木收穫機像巨人玩玩具一樣，將老樹一把抱住，驅動電鋸切斷根部將樹幹放倒，再輕輕鬆鬆的抓起樹幹舉平，一氣呵成去枝切段。「迅猛龍」一天內，最多伐倒八十棵年老多病的山毛櫸，鋼鐵巨獸就這樣一步一步，像「貪食蛇」般進犯了古老闊葉林的領域。

但是外表看起來枯萎衰弱的樹木，不等於它們都已經沒救，只有等死一途，其實只要我們願意給生病的山毛櫸時間，它們大都能自行療傷，有一天會復元如初；即使有些樹木狀況特別不好，樹冠已乾枯凋零，為了生存，樹木會在較低處，奮力長出另一個新的替代樹冠，再度變得朝氣蓬勃，繼續活個幾百年都沒問題；還有許多八月就落葉，看似大勢已去的植株，常常在來年春天，再度萌芽展葉。樹木透過學習具有極高的調適性——親愛的讀者，我相信你們讀到這裡已經瞭解了這一點。

清除倒木爲了誰？

全國各地火急火燎的砍伐樹木，這樣的清除作業完全是為了避免人類受傷，或是經濟財產的損失，而不顧樹木努力調適環境變化，為生存奮鬥，林業打著正義之旗，連生長於山林深處的病死木，也不輕易放過。若有人質疑伐木作業的必要性，森林法施行細則便會被抬出來，依法森林所有人，具保障森林遊客或行人安全的義務，但是我們只要細看法條，一下子就會發現，上述情形並非森林法的本意，如同德國聯邦最高法院在二〇一二年十月二日判決裁示一樣。[60] 即使林道旁的樹木病了，林主也沒有義務砍除，只有當森林意外的主因屬於人為因素時，才是林主的責任，例如林業機械木材碎片，被捲到齒輪內造成工傷，或是伐木時，樹木不幸倒在騎登山車經過的民眾身上。依我所見，林主持續伐採病死木，不單單是為了在森林中散步的民眾著想，而是他們錯誤引用法條，以便在森林健康度低落的情況下，持續砍伐販售木材營利。

除了上述的原因以外，我認為林主如此慌張匆忙移除病死木，有可能與他們受到的心理衝擊太大，不願面對現實有關。你想想，幾十年或幾百年來小心呵護的人工林，突然變成了久病不起的枯木群，就差沒把「林業經營管理失敗」的匾額，高高掛在樹上。即使有些林地地主真的不介意，保留了大面積的枯死木，平日常到森林漫步的普羅大眾難道不會起疑，我們真的需要專業林務官經營森林嗎？造成這森林危機的始作俑者之一，難道跟林業專業人士都沒關係嗎？

負責監督管理森林的政府機關與林業學者都宣稱，至今隨處可見，大面積枯死雲杉與松樹人工林的危機，不是他們的問題。根據他們的說法是，第二次世界大戰之後，德國許多城市嚴重受損，百廢待舉，戰後重建需要大量的木材原料，所以那時的林業決定了大量種植針葉人工林的政策——我們怎能怪罪，戰後想要從一片廢墟中，振興林產工業的決策者呢？這個官方說法非常容易反駁，戰後四〇年代五〇年代時，使用於重建德國的木材，可不是來自於剛剛種下，只有膝蓋這麼高的雲杉。不，一直到近幾年前，許多林業的權威人物，還在利用他們的公信力，對大眾提出警告，德國針葉林減少，闊葉林比重增加的趨勢，應該加以抑制改善。以海爾曼．斯卑爾曼博士（Dr. Hermann Spellmann）為例，直到二〇一五年，他都不斷告訴民眾，最近人工造林裡針葉林的比例急遽減少，必須立刻修正，所以他鼓勵大眾，加大力度持續種植人工針葉林。關於這位專家，我再補充關於他「有趣」的背景資料：斯卑爾曼先生曾在二〇二〇年，擔任德國聯邦農業部森林政策委員會（Bundeslandwirtschaftsministerium）的主席，所以他的意見對於未來森林的發展，字字擲地有聲非常有分量。[61]

好吧，幾乎沒有任何林業官員，願意承認林業政策的錯誤，而枯死的山毛櫸卻「下詔罪己」，莫名其妙把責任扛到自己樹上來了。親愛的讀者，你們已經知道了，蓊蓊鬱鬱的古老闊葉林，因為到處大面積皆伐作業，樹木植群的生態功能，已被徹底摧毀，所以生存壓力不斷增加中，至於拚命活下來的巨木，仍命懸一線持續與不利的環境奮鬥。但是當這些參天古木也死於夏季的熱浪，死於疏伐作業後，變得空盪盪的森林，卻讓林業官員看到了推諉過失的可趁之機，他們居然把森林健康狀態每下愈況的責任，統統推給這些參天巨樹，畢竟在西歐與中歐地區，主要的天然原生林就是山毛櫸林，如果連德國的原生樹種都活不下去了，那之前森林大面積枯死的情形，與林業政策便也八竿子打不著了——嘩啦，真相大白了，原來都是樹木自己的錯！

淘汰德國原生樹種的藉口

散播這些似是而非、「另類事實」的人，真的都不會臉紅——官方定調了，樹木自己在生存競爭中敗下陣來，引發了森林滅絕的災難，所以沒有任何官員必須為此負責下台，該下台的，當然是那些「失敗」的樹種。這個聽起來絕對是狗屁倒灶的言論，不僅成為了既定的現實，而且一場森林「大換血」，正在德國上演。「大換血」也替該為此負責的官員，創造出在媒體前捲起袖子，喊著「我們能做到！」作秀的機會，他們自信滿滿的向大眾展示，政府以最新的知識，和前所未見的手腕魄力，積極處理目前面臨的森林危機——實際上，森林心心念念的，只是人類願意對它們「無為而治」便足矣。

第3章
下一個超級樹種

二〇一九年三月：德國農業部部長尤莉雅．科樂克能（Julia Klöckner），造訪了柏林附近「綠樹村邊合，青山郭外斜」的哈維爾蘭（Havelland）地區，她站在採伐跡地[38]上，手裡拿著種植樹木的輔具，一棵花旗松（Douglasie）接著一棵花旗松種下，方便平面媒體拍下農業部長種下北美針葉樹的剎那，轉而印在紙上向大眾展示，農業部造林的決心與毅力，[62]但實際上也在暗示：大家持續種植針葉樹吧！政府機關以不可思議的乾綱獨斷，忽視人工針葉林早就不合時宜的事實。

有句廣為流傳的格言說：「瘋狂的定義就是，一直重複同樣的行為，每次卻期待不同的結果。」套用這個定義，「慣性林業」便可以直接與瘋狂畫上等號了。面對目前的森林危機，德國林業不認為有必要調整經營方式，而是忙著集思廣益，討論如何

38 林業專有名詞，採伐跡地是指森林採伐後不久、尚未長起新林的土地。

讓森林繼續乖乖配合人類的管理手法。目前有場甄選未來樹種的「選樹比賽」正在上演，比賽主題：德國下一個超級樹種。但是我們光是更換造林樹種，就能更新整座森林嗎？當然不可能，以本土樹種維生的許多物種，還有土裡的「小小兵」，統統會陷入飢荒之中，整個生態系食物鏈也將分崩離析，下文我以人類的主要糧食作物當例子，大家馬上就能體會森林其它生物的艱難處境了。

受到破壞的食物鏈危及生態平衡

人類的主要五穀雜糧都來自於草本植物，什麼！人類靠吃草維生？聽起來有點奇怪，但是我解釋一下你們馬上會恍然大悟。玉米、小麥、燕麥、大麥、米——全部都是禾本科的植物，我只是隨意列舉了幾種主要糧食，還沒包括所有人類食用的禾本科糧食，不過光是上述例子就已經證明了，禾本科植物在我們的日常生活中，扮演了多麼不可或缺的角色。光是全球人類食用的主要糧食中，禾本科的比例就超過百分之五十，[63]更不用說，穀類也是動物飼料的主要來源，我們轉化了許許多多草本植物的種子，變成奶蛋製品、肉類，然後化身成我們餐桌上美味的盤中飧。

請你想像一下這個場景，德國聯邦政府宣布明年人類愛吃的五穀雜糧，都將換成黑麥草（Weidelgras）、草甸羊茅（Wiesenschwingel）、絨毛草（Wolliges Honiggras）的種子：無庸置疑的，一旦施行的話，會造成糧食供應大崩潰，因為人類的消化系統，無法分解上述三種草本植物的種子，最糟糕的情境會是：如果我們真的執行了這個計畫（假設式的），絕對會造成大飢荒，任何政府倘若如此漠視人民需要，下次選舉的時候，人民一定立刻用選票讓這種政府下台。

草本植物與木本植物最大的共通點：難以用幾項簡單的特徵辨識，因此兩者植物的學術定義都很籠統。草本植物是人類的命根子，但是樹木這個木本巨人，不管是花、果實、樹葉、樹皮、死後變成木材或是被分解成腐植質，也是成千上萬動物、真菌和細菌的主要糧食來源的事實，卻常常被許多人忽略。舉個例子好了，如果我們把德國本土的山毛櫸、橡樹換成花旗松、北美紅橡（Roteiche）、歐洲栗（Esskastanie），等於間接注定了土裡數以萬計的微生物，最終活活餓死的命運——因為它們無法消化這些前所未聞的「舶來品」。

森林食物鏈的基礎由樹木組成，尤其經過數千年之後，許多森林生態系的物種已經特化[39]並「完美地」適應環境了，但是我們卻常常因為「深林人不知」忽略了森林的特殊性。我們比較熟悉的典型食物鏈以金字塔結構為主，體積最小的生物位於底端，體積最大的生物位於尖頂，像是生活於海洋裡或陸地上的熱帶莽原的大型草食性動物，或是食肉的頂級掠食者，都是金字塔生態結構的最佳範例。只要「不能沒有你」的指標物種仍然悠然自得，蹓躂於自然環境之中，表示一切平穩安好——因為金字塔下方的其它物種，也是指標物種的主要食物來源，我們如果隨便瞟一眼，找到了搶眼的頂級掠食者，便可粗略評估，生態系應該仍處於平衡狀態。

39 物種特化是生物適應性的極端情況。例如，熊貓在野外基本只吃箭竹，這就是特化，如果箭竹沒了，熊貓就沒了。

人工造林的盲點

森林生態系的結構卻是完全相反：食物鏈中體型最龐大的生物，穩穩位居底部，讓大家常常忽視了金字塔中間段，還有許許多多不同層級的消費者。這樣的誤解嚴重到許多人（包括許多專家學者）都相信，森林不外乎就是聚集在一起的樹木，甚至依據德國的森林法，定義森林為「林地及其群生樹木的總稱」。若德國滿山遍野到處長著花旗松、歐洲栗、雲杉或松樹，對許多本土物種來說等於住在「綠色沙漠」裡，但人類卻將其堂而皇之的稱為森林。

以「見樹不見林」的哲學為中心思想，我們當然也就會輕易接受，人類栽植樹木等於復育了森林的說法。人工造林有什麼難度，只要培育大量的樹苗即可，若目前使用的樹種行不通，那就再換另一種試試。到了最後林業也不得不承認，植樹造林其實與種植農作物沒有太大差別——林業經營也常常將林地上的「蔬菜」換來換去，只是樹木從小苗長成大樹，到收穫營利時間比普通農作物長，經濟風險也比較高而已。

目前通過甄選的「候選樹」，具有幾項重要特質：為了適應目前的環境變化趨勢，它們必須能夠抵抗熱浪與乾旱，所以林業想到了天生就長在炎熱乾燥氣候區的樹種，這些地區的雨量與溫度，恰好符合目前學術界對德國未來十幾年氣候發展的預測，想當然耳，大家的目光看向比德國緯度低個幾度的地區。

根據林業向來把「複雜事實簡單化」的傳統，甄選範圍很快就縮小了：除了我之前提到的北美花旗松、地中海地區的歐洲栗、土耳其榛（Baumhasel）（來自東南歐）

及東方山毛櫸（Orientbuche）（分布於巴爾幹半島與伊朗之間）都是大熱門，德國林產工業未來八十年的原料需求，應該可以靠這些外來樹種為主的人工林滿足。

最讓人百思不解的一點是，林業機關與林業學者專家，明明是造成目前森林面臨棘手局面的元兇，應該為此負責下台，但是他們卻文風不動穩居高位，想盡辦法推卸責任，這也是為什麼林業中提倡以針葉樹種造林的聲音從來沒停過。即使現在林務單位考慮，將闊葉樹種列入造林樹種的清單，不過林業專家的「恩典」，本土自然環境卻無福消受，因為林務單位挑出來的闊葉樹種，都是外來種。日本泡桐（Paulownia）屬於造林名單中的「樹中英雄」，它又名紫花泡桐（Blauglockenbaum），或是日文的kiri指的就是桐樹，日本泡桐可以承受攝氏零下二十度到四十度的溫差，每年生長高度最高可達四公尺，只要短短十年，木材生長量便達到了零點五立方公尺材積，沒比較沒傷害：德國本土樹種平均要花整整七十八年的時間，樹幹中央的材積才會達到零點五立方公尺。日本泡桐生長速度簡直是樹木界的「超音速噴射機」，而且它的樹冠花朵外型還具有非常高的觀賞價值。

森林大換血的問題

關於森林未來的發展，前一章提到那些七手八腳，急急忙忙清理枯死木的作業，還有表面看起來合理，實際上荒腔走板的應對措施，漸漸讓林務單位露出馬腳，沒辦法繼續欺騙大眾。原來林業政策並不是以守護山林為主，過往發生的件件樁樁反而直指事實核心，政策制定者一心想要的，是保護林業資源，確保林產工業在未來仍有豐沛原料繼續開發利用。然而近年來，公眾的環保意識抬頭，即使是林業外行的普通民眾也開始發覺，森林大換血（Waldumbau，林相改良）不是隱喻，而是像製造業一般重建原料廠——在森林這個例子裡，等於重建了「木材資源廠」。我們看到了重新造林執行幾年後，遠遠望去冒出來的年輕森林已是綠波翻湧，好像是成功了，但是這場大換血對森林生態系的特化物種來說，卻是徹頭徹尾的超級大災難。林地長出了陌生的圓柱，斷絕了牠們的主要糧食來源，新訂的林業政策，強行更新了生態系的表層，卻不管維持生態系內部運行的依存關係，數以千計生物的死活，最後只有泛化物種能夠存活，因為牠們本來就能在地球每個角落生存，所以不會受到太大威脅。

儘管如此，傳統林業依然緊緊抓著人造林的經營管理模式不放，選定了區區幾種外來種準備換血，與幾百年前造林的時空環境對比，現代民眾對於林業經營管理「求知若渴」，並且非常關心重新造林是否會對環境產生衝擊。面對與日俱增的監督壓力，林業主管機關卻把精力放在更有創意的公關廣告，或是文字遊戲上。他們告訴大家，德國平均氣溫愈來愈高，南歐地區喜好溫暖的樹種，在未來某個時間點，難道不會自然而然移居到德國來嗎？人工造林選用喜好溫暖的樹種，只是「鼓勵移民」，就如同德國官方移民政策的政治用語。所謂「鼓勵移民」指的就是，我們僅僅是幫助可憐的樹木，早點搬到德國來住，畢竟氣候變遷不斷加劇，樹木走得慢吞吞，我們當然要幫它們一把。[64]這個專家委員會提出的論點，真是合情合理，讓人從頭到尾挑不出毛病，那我們就把這個論點的正反兩面都好好檢視一番。

氣候急速變化的挑戰

上一個冰河期結束後，我們可以很清楚的觀察到，當氣候帶移動時，植被分布也跟著移動。冰河融化向後退，先形成了極圈凍原（Tundra），再往南一點，出現了多年生草本植物、地衣（Flechten）與耐寒小灌木，繼續往南走，開始看到雲杉與松樹林，隨著氣溫不斷上升，橡樹驅逐了針葉林，最後換成山毛櫸取代針葉林。植被帶的遷移在逐漸融化後退冰河的尾端不斷發生，而且還是現在進行式，所以山毛櫸已經擴張到瑞典南部，與針葉樹林木界線的最前端相遇，為什麼我強調「已經」呢？不管怎麼說，樹木擴張速度向來非常緩慢，只能一代一代演替慢慢向北移居，所以樹木需要幾千年的時間，才能移動幾百公里，而目前氣候變化加速的大環境下，對樹木移動速度的考驗也變得愈來愈嚴峻了。

氣候帶移動是近七十年來的事，只有裝了翅膀會飛的種子，能夠跟上氣候變化的速度。楊樹（Pappeln）與柳樹（Weiden）的種子，被包在毛茸茸迷你囊艙裡，若是夏天的颶風來襲，這些種子短短一小時內，未若柳絮因風起，可以肆意飛揚超過一百公里遠；相反的，山毛櫸與橡樹笨重的果實就處於劣勢了：這些種子不管風力多強，都是撲通一聲直直落在母樹腳下，只有靠鳥類如櫟鳥（Eichelhäher，又名西歐小松鴨），才能把樹木的後代運送到幾公里外（並且當作冬天的糧食藏起來）。種子太重飛不動的樹種平均旅行（擴張）的速度是每年四百公尺，根據過去的經驗證明，以這個速度適應環境變化沒問題，但若想以此調適目前人為的氣候變遷，很有可能會來不及。

更不用說樹木想要擴張前，首先必須橫跨擋在它們面前，幾乎是難以超越的阻礙：人類居住的範圍。當樹木想向北邊遷徙時，需要人類允許，佔領他們的草皮、農田，還有居住城市，來慢慢擴張它們的地盤，但是誰有可能接受，住家前面的草皮，讓樹木暫時借住個幾百年或者更久，成為樹木擴張時的中繼站呢？

絕對沒有人願意，任何一棵沒經過人類允許，在人類地盤生根展葉的樹木，都會立刻被移除，我完全可以理解大家為什麼這麼做，我轄區宿舍四周，也被很多巍峨的參天巨木環繞，但我還是留了一塊開闊的草皮，與我的家人坐在那裡喝咖啡，或是打羽毛球。林區宿舍的空地，全部讓給樹木定居，對我來說也是矯枉過正，不過正是因為我們每個人都這樣想，所以樹木天性中不斷向外擴張的渴望，一冒出頭就會立刻被澆息，它們禁錮於人類規定的範圍內動彈不得，所以樹木因怕熱往北大遷徙的嘗試，當然統統以失敗告終了。

前面我有提到，林務單位打算將南歐樹種移植北邊德國，那這樣一來，我們不就幫助南邊的樹種，掙脫了人類土地利用範圍的限制，遷徙成功，反正南邊樹木早就想要往北邊跑了不是嗎？現在我們終於聊到這個論點最大的癥結點了：我有兩個大哉問，想請問林務官到底是如何得知，那些南邊的樹種在沒有人為干預下，只靠自然演替，某時某刻將會擴張到德國來呢？如果某些南邊樹種真的成功移民了，林務官又是如何得知，它們能在德國落地生根，一代一代的繁衍下去呢？上述兩個問題的部分答案已呼之欲出：北美的花旗松絕對不屬於能夠擴張勢力範圍的樹種，因為花旗松樹連佔領整個北美的東海岸都沒做到。我們可以大膽假設，天然演替的情況下，花旗松也不可能橫跨大西洋佔領西歐陸地。

即使原產地來自於中國，生長速度如「超音速噴射機」的日本泡桐，經過長期的自然演替，也沒有入侵到歐洲，或是在北美地區經過大面積皆伐，空曠荒蕪的跡地上扎根定居。僅憑這一點，放眼所有的外來樹種都有同樣的問題，即使土耳其榛來自歐洲的巴爾幹半島，還是離中歐地區太遙遠了，接下來的幾百年，土耳其榛也絕不圖能憑著一己之力，單槍匹馬往中歐落地生根。

外來樹種的問題

不過我們若以自然生態的大局，看待林業的「未來之星」，它們倒是都具有了本土樹種無可匹敵的優勢：林業普遍認為外來樹種的抗病力非常高。真菌、昆蟲顯然對這些外來樹種沒什麼胃口，牠們比較喜歡吃山毛櫸、橡樹或雲杉，關於這點林業專家完全沒說錯：這些擾人的小傢伙，專門挑本土樹種啃食；牠們只喜歡吃自己熟悉的樹葉、樹皮以及木材，就像我之前提到的，牠們的飲食習慣，與人類沒什麼兩樣。

當然，林業引進外來樹種造林，並不是直接進口樹苗，林木苗圃大都是進口種子，因為種子不會攜帶討人厭吃白食的寄生蟲，相當「冰清玉潔」。花旗松、北美紅橡、或是土耳其榛能不受干擾成長茁壯，雲杉與松樹則被千軍萬馬般的昆蟲，攻擊到奄奄一息，林務官衡量經營風險後，當然會偏愛栽植外來樹種——不過他們高興得太早了。隨著時光流逝，風水輪流轉，全球貿易盛行，許多偷渡客坐了「霸王船」，例如真菌或是昆蟲，也一批接一批跟著抵達，當牠們走出艙門，以為到了「流奶與蜜之地」，因為放眼望去，德國滿山遍野長滿了「饕餮盛宴」任之採擷。

其中一位偷渡客，就是花旗松癭（Douglasien-Gallmücke），牠的體型非常迷你，外表看起來純潔無害，體積小到光是細細的松針上就能放好幾顆蟲卵，幼蟲孵出後靠著松針的掩護，躲過了鳥類的獵捕，平安長大後結蛹度過冬天，新的生命週期又從頭開始循環。花旗松非常不歡迎這位不速之客，因為它好日子過去了，未來只有無窮無盡的苦難等著，有時候蟲害甚至嚴重到針葉全部掉光的程度，沒有葉子就沒有營養，花旗松便只能餓肚子了。自二〇一六年起，花旗松受到蟲害情形有增無減，如同萊茵巴赫（Rheinbach）公有林地，負責經營林地的林務官，在二〇一八年時，已向地方報紙揭露花旗松受害的事實，他提到花旗松給他的轄區，帶來了許多大大小小的經營難題。[65]大家還記得嗎：也是在二〇一八年，尤莉雅・科樂克能在媒體的閃光燈前，親手種下了花旗松，想要以造林緩解氣候變遷的危機。

那土耳其榛適應的狀況如何呢？它們即使在自己家鄉也不是優勢樹種，分布範圍只從巴爾幹半島延伸到阿富汗，德國城市反而比較常見到它的蹤跡；但在天然森林裡，它就是鳳毛麟角了。土耳其榛能夠忍耐乾旱與高溫，除此之外，它還非常討人喜歡：木材質地堅硬又耐用，果實與落葉灌木歐洲榛樹（Haselnüsse）一樣可以食用，人類最鍾愛可以一樹二用的全方位樹種。可惜好景不長，事情急轉直下，土耳其榛身上也出現了不請自來的訪客——榛葉蜂（Breitfüßige Birkenblattwespe），看來牠們終於發現了土耳其榛的葉子，也相當可口美味，榛葉蜂的幼蟲會將葉肉啃光到只剩下葉脈——這樣一來光合作用是沒辦法進行了，不過目前蟲害還算輕微——畢竟德國並沒有大面積的土耳其榛人造林。但我們恐怕也不能掉以輕心，老天爺其實已經舉起食指警告人類，若我們繼續引進像土耳其榛的夢幻外來種，可能是另一場生態浩劫的開始。[66]

引進陌生的樹種就像是玩輪盤遊戲時，把所有的籌碼單單只押在一個數字上。森林相關產業也很清楚所要冒的風險，不過依舊沒打算將「鼓勵移民」的想法束之高閣，於是又有人提出了一個造林的新點子：造林可以考慮使用本土樹種，例如山毛櫸或橡樹，但是要選用來自於本土樹種分布領域最南端，對乾燥炎熱氣候有高耐受性的植株。事實上，山毛櫸在歐洲的範圍最南到西西里島，東南最遠到黑海海岸，難道我們從南邊的山毛櫸母樹，蒐集了耐熱植株的種源送到北方造林，不是最恰當的作法嗎？耐熱植株的子孫具有足夠的經驗與智慧，能應付長期乾旱的氣候，也不會對當地的生態系統造成任何危害，反而變成了相同樹種喜歡炎熱氣候的分支；這樣一來以山毛櫸為主食的真菌或生物，也不會被迫面臨斷糧危機，相反的：不管氣溫如何升高，牠們仍有源源不絕的糧食大啖特啖。這個論點可能有點道理，但也就因為氣候變遷帶來了許多未知風險，我們更不該草率的替換樹種。沒錯，氣候一直處於變遷之中，但沒人可以預測，氣候變遷的速度到底有多快，或是對區域性氣候的影響程度。我們想想二〇二〇年的夏天，沒有任何氣候預報發出警訊，天氣瞬間就變得極度乾燥炎熱了，要是有人決定把賭注押在南邊植群的後代身上，賭的就是他可以預見，未來一百年或兩百年氣候演變的走向。

二〇二〇年的五月直接打臉了未卜先知的林務官，讓大眾對他們的預知能力不禁產生懷疑。五月中正值楊柳紛飛的季節，某天晚上氣溫突然斷頭式下跌，降到攝氏零下十度，即使向來最結實健壯的橡樹，新芽與嫩葉也統統被凍傷了。我們考慮引進外來樹種的時候，真的不該只考慮平均氣溫，而是要把不同地區的極端氣候也全盤列入評估才對。還有大家別忘了，樹木非常長壽，即使五月的寒流非常罕見，不管晚霜是十年或是兩年才發生一次，只要碰到一次就夠了，因為最後的結局都是死亡，所以硬要使用喜好溫暖植株的意義到底在哪裡呢？

來自於「歐洲之南」分布區的山毛櫸或是橡樹，除了要適應異鄉的生活環境以外，還有天生的劣勢：它們對德國當地的氣候並不熟悉，不只五月可能出現「倒春寒」，德國不同地區的年雨量分布，與它們家鄉的雨量分布有相當大的差異[40]。更別忘了，土質的差異以及住在土中的大量微生物，也是「菜鳥新移民」要面對的挑戰，而且目前學術界都還沒有相關的研究，可見蒐集本土樹種其它植物群落種源造林這個點子，最有可能的結果是，帶來未知的疾病，造成另一場病毒大流行。

---

40 地中海氣候是夏乾冬雨，有明顯的乾溼季，德國則是溫帶海洋性氣候，全年雨量都很平均，沒有非常明顯的乾溼季之分。

病毒遷徙的威脅

你們知道什麼是「樹木病毒學」（Dendrovirologie）嗎？這是一個新的研究領域，成立於柏林的洪堡大學（Humboldt-Universität），這裡的學者專門研究樹木是否也會得到感冒，聽起來很瘋狂嗎？不，植物也會受到病毒攻擊然後生病，本來就是理所當然的事。攻擊樹木的病毒，不叫 SARS-CoV-2（新冠病毒〔Coronavirus〕），而是叫伊馬拉病毒（EMARaV）（歐洲花楸環斑相關病毒〔European mountain ash ringspot-associated virus〕）。這個病毒除了會攻擊花楸樹（Vogelbeeren）外，橡樹、梣樹（Eschen）、楊樹以及其它樹種也會染病，主要造成樹葉的損傷枯萎，使得樹勢大為減弱。

如果人類也像樹木一樣，乖乖待在自己的居住地，不到處亂跑，那我們現在也沒有新冠病毒的大流行了，但樹木就不一樣了，它們不會互相拜訪，不會面對面接觸，怎麼會得到傳染病。是的，樹木向來靜靜佇立原地，負責跑腿的則另有其「蟲」，牠們以飛翔或是爬行方式，到處尋找甜美的樹液，從樹到樹，森林到森林，把口器插進樹葉吸吮糖液的同時，也在不知情的情況下，把身上攜帶的病毒傳染給樹木。柏林大學的專家，其實還發現了更多新型病毒，已經在歐洲的闊葉樹種間互相傳染了，樹木除了要應付真菌和細菌攻擊，再加上病毒感染，通常很快的就會變得虛弱無力。[67]

當然學術界早就知道，植物會被病毒感染，但許多林務官，最多只知道樹木有可能受到真菌與細菌的危害，至於森林學術界，更是認為這種看不見的威脅，只對人類有重大影響，而樹木會不會受到病毒威脅，不是林業學者感興趣的重點。那如果我們真的依照林務單位的建議，將南邊樹木群落的種源，帶來德國栽種，會不會也夾帶了未知病毒，雖然我們還不確定，夾帶進口的病毒是否會惹禍造成另一種大流行，但是如果答案是肯定的，到底會發生什麼事，目前我們對此依舊一無所知、毫無準備——謹慎的作法應該是，在引進外來種之前，對此可能的後果進行徹底研究。如同我前面已經提到的，人類對於細菌的多樣性瞭解，仍是張空白地圖，至於對體型更微小的病毒，幾乎是全無所聞了。

其實我們還不清楚，是否還有許多其它因素，也會影響樹木的健康狀態，例如白晝的長短。山毛櫸分布最南端的西西里島，六月白晝的長度平均比漢堡少了兩個小時[41]，乍聽之下好像對樹木不會造成什麼影響，但是我們不要忘了，日照量等於糖分產量，糖分也是樹木最主要的營養來源。我們將不熟悉北國氣候環境的樹苗，栽植到陌生的林地裡，卻對白晝時數大減的後果一問三不知，山毛櫸的確在冰河期後，花了幾千年的時間，一路勢如破竹，從南歐回攻北歐，這也表示了山毛櫸需要足夠的時間，調整戰術面對不同的環境，或者我們應該這麼說：樹木有許多機會，測試剛學到的生存策略。相反的，南邊來的山毛櫸可是什麼都沒學過，毫無準備就被迫移民到陌生的環境——它們能跟誰學呢？可憐的「菜鳥樹」被直接送到德國戰場，沒有新兵訓練就得倉卒上陣，應付來敵——目前勝負不明。

41　北半球夏天是長日照，愈北日照愈長，到北極就是永晝了，所以夏天的時候，南邊的日照時數比北邊短。

人爲遷徙無助樹木發展

人類真的有必要花費大量的財力與物力，幫助樹木「漂向北方」嗎？我們隨處可見，本地山毛櫸正孜孜不倦的學習，甚至連才剛學到的經驗，也能夠馬上傳給後代子孫。鼓勵樹木移民的政策，只是再次證明了急躁、一心一意要發展經濟的人類，與穩重、一舉一動在愛樹人眼裡緩慢超萌的樹木，兩者之間有著難以化解的歧異。

我們真的需要好好思考一番，樹木是否真的願意加入「鼓勵移民」的計畫，森林是否真心歡迎外來種，不幸中的萬幸，目前為止，本土生態系仍然具有足夠耐受力應付環境的變化，前提是林務官不要以太高的強度干擾或是毀壞森林。

然而，林務官就像是森林企業的專業經理人，不僅要能獨當一面，也絕對不容許運作效率低落，尤其現在時代變了，重新造林、耗時耗力新闢人工林區，不僅能為財務報表創造大幅收入，也順便幫企業打造對環境友善的環保形象。

第4章 好意未必結良果

街頭巷尾的平面廣告或是電視上都在告訴我們，目前社會氣氛流行種樹，廣告模特兒帶著笑容，站在以森林為背景的拍攝場地種下樹苗，宣告要靠植樹對抗氣候變遷。

種下一棵樹，也是給下一代種下一個希望，畢竟一棵樹可能活到五百年之久，不只能夠固定大量的碳，也可以產生許多新鮮氧氣，釋放到大氣之中，而且樹木也是形形色色生物的棲身之所。

我很高興看到種樹成為社會主流，可惜落實到造林執行面時，卻常常不如想像中天然美好。最近有家大型居家修繕工具與材料連鎖販賣店提倡的植樹計畫，就是上述情形的典型例子，二〇二〇年末，這個連鎖品牌推出鋪天蓋地的廣告，大肆宣傳要種一百萬棵的樹，[68]基本上，我非常贊成企業贊助植樹的活動，我屬於永遠不會嫌樹木太多的人。我們來看看，種植一百萬棵的小苗，若把樹與樹的間距也算進去，依選用的樹種而定，大概能增加大約三平方公里林地面積，但是我們真的種出新的森林了嗎？這個連鎖企業的主要訴求，將現存人工林大換血，提高森林健康度，增加對氣候變遷的調適性，簡單的說：全面砍伐針葉樹種為主的雲杉人工林，改種上闊葉樹種。伐木雖然不是我樂見的，但是只要林相改良對大自然有所裨益，我絕對不會反對，為了更深入瞭解這片新生年輕森林的情況，我們先仔細看看，植樹活動如何協調執行。這家連鎖企業選定了德國森林保護協會（Schutzgemeinschaft Deutscher Wald, SDW），共同合作造林，一個受到政府認可的自然保護組織，[69]補充一下，德國獵人協會（Deutsche Jagdverband）也是受到政府認可的自然保護組織，所以主管機關的認定，與組織屬性並不一定有直接關聯。

德國森林保護協會成立有其崇高的宗旨，協會規章第二點：「協會以保護森林文化、經濟以及生態的功能為主要目標」。[70]生態的功能被排在經濟功能的後面，難道只是巧合嗎？我不這麼認為，屬於非營利的森林保護協會，專門承包許多政府林務單位的宣傳專案，例如像是邀請中小學生參加森林小學堂，向他們宣導林業經營對森林多麼重要。森林保護協會承包了連鎖企業的植樹活動，執行方法就是廣發參加辦法給私人的林地地主，我當然也仔細讀了上面寫了什麼，根本只是直接把林務單位林相改良的規章複製貼上而已。至於裡面提到的「適地適木」（standortangepasste）的原則，卻是大玩特玩文字遊戲，替種植外來樹種的林主開後門，讓他們也能參加協會承包的植樹宣傳活動。[71]還是親愛的讀者，你們也認為林業專有名詞「原生種」（standortheimisch），屬於普通人的常識？參加辦法要是用的是這個術語，造林時便只能使用本地的樹木了。

我在這裡提幾個問題希望大家老實回答：如果你們也捐了錢，贊助植樹活動，想必是想要「綠動地球」，所以難道你們不希望，你們資助的這棵樹，能夠自由自在的成長然後慢慢變老嗎？難道你們不希望，這棵樹應該身處樹木能互相幫忙，一起降溫一起造雨的森林植群裡嗎？我總結以上的問題：難道你不希望，屬於你的那棵樹，能夠替增加不受人干擾的自然保護區面積盡一份心力嗎？

然而理想很豐滿，現實很骨感。剛剛栽植的樹苗，或者我們可以說，剛剛獲准定居的樹苗，都被分配定居於以經濟發展為主的人工林中，而且依照大部分的林業經營計畫，它們大概只有幾十年的日子好活，因為樹木辛辛苦苦長出來的木材，大部分的情況下，已被規畫提供給林產工業作為原料。人工林的管理方式，不僅讓森林生態系蒙受損失，大氣層也多了不少溫室氣體：吸存於木材裡的碳分子，短期或長期內都會再度釋放到大氣中——畢竟這些固定於木製品中的碳元素，通常都會在某時某刻，進入暖爐、垃圾場，或是木質燃料發電焚化爐後氣化進入大氣層。

不過，即使沒有私人企業贊助造林，林務單位仍是火急火燎的拚命種樹，其實我們應以特羅伊恩布里岑鎮（Treuenbrietzen）的火燒跡地[42]為戒，看看投資了大量人力物力栽植的針葉人工林，未來可能會面對如何悲慘的命運。二〇一八年乾旱來襲的夏天，特羅伊恩布里岑小鎮上，大概有四平方公里的公有松樹人工林，陷入熊熊火海付

42 火燒跡地指森林中經火災燒毀後尚未長起新林的土地。

之一炬，我那時候就特別想親眼看看火燒跡地復育的情形。森林大火以前在德國其實很罕見，因為過去本土闊葉樹種非常潮溼不助燃，直到森林相關產業開始大面積的種植針葉樹人工林後，外來針葉樹種針葉或枝條裡，都含有大量易燃的樹脂，德國森林火災發生頻率才呈現爆炸式的成長。

焦黑林地中的小苗

皮耶雷・伊必敕教授與生物學學者珍內特・布魯羅德（Jeanette Blumröder）共同研究了某一塊被保留下來的火燒跡地，他們主要想調查，森林如何在不受人為干擾的情況下，天然更新的演替情形。二〇一九年五月初，我與約格・阿道夫（Jörg Adolph）、丹尼爾・施瑙俄（Daniel Schönauer）（《樹的祕密生命》同名紀錄片的拍攝團隊）及皮耶雷・伊必敕教授，相約在森林大火的發生地點碰面，一群人一邊漫步於焦黑碳化的樹幹群中，一邊感到相當驚訝，想不到很多樹木被祝融吞噬後，還是活了下來，不過它們的外表當然相當頹廢悽慘。其實在田野調查之前，我已做好了心理準備，可能要面對枯木殘寂的焦黑荒漠，誰知道實際造訪後，發現火勢只沿著林地表面蔓延，燒毀了林下層雜草灌木，但松樹五到六公尺高的地方，只有稍稍被烘烤過，樹木並未被活活燒死，所以許多樹株依舊直挺挺的佇立，不過以前林相看過去是一片綠棕色，現在變成黑棕色。

隨著我們的腳步行進，鞋子揚起了許多灰燼，整個場景更像世界末日了，不過等等，蓋滿灰燼的林地上，東一處西一處，居然冒出了點點綠意，為了看得更仔細，我們蹲下來靠近綠色星芒，小心翼翼用黑漆漆的手指觸摸這棵打前鋒的嫩苗，天啊，這真的是剛剛長出來的小樹苗！它們才吐芽，所以非常難以辨認，但是在部分的林地上，真的長出了楓樹葉或是松樹苗。儘管如此，我們必須非常樂觀，並帶有蚍蜉撼樹的信念，才會相信這塊放眼望去看不見盡頭的焦黑林地，只靠著顫巍巍的小苗吐芽，有天便能再度呈現浩瀚林海。

繼續走了幾百公尺後，我非常驚訝的發現，另一種清理火燒跡地的管理方式。其中一塊林地的地主，將燒過後留存的立木，不管死活統統砍伐殆盡，我們是在五月[43]造訪火燒跡地，還看得見林地地平線盡頭，仍然有台伐木收穫機正在清理立木，我前面已經提到過這台收穫機，它能夠在幾秒鐘內砍樹除枝，然後輕易的將樹幹切成適合加工的大小。這台機器正在地平線盡頭，處理一棵又一棵烤焦的松樹，火燒過後的跡地經過皆伐，已經變得一片滿目瘡痍，地上隨處可見大型機械的履帶軌跡，再度蹂躪脆弱的森林土壤，林地表面看來更加殘破不堪了。我們正納悶這到底怎麼回事，正在林地上巡邏的林務官告訴我們，林主根據以前造林的經驗，並考量布蘭登堡邦（Brandenburg）的氣候條件[44]，森林無法快速復育生長，所以整個林地用翻土犁犁過一遍了。

43 火災是二〇一八年發生。

44 特羅伊恩布里岑鎮位於德國布蘭登堡邦，大陸性氣候，比德國其它地區乾燥寒冷。

然後，林主又決定在整地後白化、缺乏腐植質沙質土壤上，再度種下了一列列高度不到十公分的松樹苗。松樹？我帶著滿肚子疑惑問了問林務官，林主為什麼要重蹈覆轍？林務官用很奇怪的表情看了我一眼回道，我怎麼連林業的常識都不知道，布蘭登堡邦附近的沙質土壤，除了松樹以外是長不出其它樹木的。雖然我並不同意他的看法，畢竟這個地區在幾百年前，滿山遍野都是原生山毛櫸林，不管這些，我們繼續討論人工林經營的問題，我認為投資人工林根本不符合成本效益，林務官馬上反駁我，「不不不，這塊林地很有賺頭。」他繼續解釋，過去的一百多年，一直到森林大火皆伐前，松樹人工林都持續創造了盈餘。

我非常喜歡我手機安裝的利息計算軟體，因為只要碰到這種情況，我就馬上算出經營林場是否賺錢。「等等！」有些人可能會立刻抗議，「森林的價值怎麼可以用金錢來衡量！」如果我們現在討論的是天然林，我絕對同意上述的看法，因為天然林不需要人類的經營管理，不需要任何成本，靠自己就能更新，而且有一天大眾終究必須承認，天然林形成的生態系更加豐富穩定，另外，我們其實也能靠人工加植少見的原生樹種，替天然形成的年輕森林，增加更多的生態價值。

相反的，經營人工林就跟投資不動產、股票或是黃金一樣，是以賺取利息與價差為目的，可是目前經營人工林產生的利息，不管德國哪個聯邦州，利率都是低到不能再低，差不多就跟定存或是儲蓄的利息差不多[45]；市場上其它的投資產品，獲利不只

45 歐洲央行實施低利率已久，幾乎是零利率。

有今日比人工林豐厚，未來也是有很高的利益可圖。例如長期投資股票幾十年後，平均獲利至少可以產生本金再加百分之六的利潤，足以抵銷未來通貨膨脹調整後的損失。[72]

相較之下，經營松樹人工林就沒這麼划算；以我們剛剛提到再度以松樹林木改良的林地面積來算，清理枯木、翻土整地，每公畝成本大約四千歐元，投資的時間大概是一百年——因為松樹需要這麼長的時間，才能長出足夠粗大、適合鋸木廠加工的直徑尺寸。雖然松樹生長期間，也可能進行疏伐作業，標售了部分木材，但這些木材樹圍太小，而且品質低劣，賣不了什麼好價錢。其實正常的情況下，販售部分木材的價錢，根本沒辦法打平管理森林以及伐木所產生的成本。

我們現在以投入四千歐元為初始成本，種下人工林後，利滾利的期間設定為一百年，再加上百分之六的利息計算，可能你已經算出來了：經過漫長的生長期，最後人工林的淨值，應該高達一千三百萬歐元。如果生態沙漠般的人工林，比天然林更有利可圖的話，那大部分的獲利應該由標售木材而來，不然林業業者就會把資金轉而投資股票，或是其它投資產品，上述松樹人工林在一百年後，標售原木減去成本後，只有創造了一萬兩千歐元的利潤，[73]遠遜於其它在德國的投資產品。

德國大部分人工林的經營計畫，投資報酬率與上述的估算差不多；投資結果已經明白指出了：不管是誰，以違背自然法則的方式經營森林，就不可能獲得豐厚的利潤。直截了當的說法：誰植樹，誰就是笨蛋。

人工植樹的問題

私人企業與普羅大眾好意的植樹行動，一旦落實到造林層面，還造成了另一個弊端，這筆帳就要算在政府的林務單位頭上了。林務單位除了負責經營管理森林之外，也必須有監管保護森林之責，但這幾十年來，林務單位大力提倡，種植大面積雲杉與松樹人工林，造成了目前的生態災難，諷刺的是，林務單位的造林行動非常「成功」，積年累月之下，已經將德國超過半數的森林，變成由外來針葉樹種為主的人工林了。

自古至今的經驗證明，以外來樹種栽植人工林，最後都像竹籃打水一場空。即使二〇一八年到二〇二〇年，連年乾旱還未發生之前，林務單位引以為傲的雲杉人工林政績，大半早就受到了樹皮甲蟲的危害，或是颶風肆虐，紛紛傾倒死亡。這明明就是有計畫的、可以預見的人禍，更不用說這個大窟窿，還是由納稅人繳交的稅金填補，其實依法律規定，不只私有林的林主，包括公有林地的所有人，都有義務在短短幾年內，將所屬的受害林地快速進行復舊造林。所以植樹公關活動的荒謬之處在於：我們熱心犧牲假日志願種樹，或是去大型的連鎖店消費贊助植樹活動，沒有實際上的必要性——因為政府森林主管機關的責任，就是負責監督受害森林有一天必須復舊如初。

林主復舊造林的部分成本，也不必靠大眾贊助的植樹活動補貼，森林天然災害發生後，或將森林大換血，不論私有或公有的林地，都能從政府方面獲得高額補助。整個植樹造林的活動，說穿了，不過是企業的形象廣告，以迷惑人心的糖衣，給自願贊助植樹活動的民眾，創造做了好事的錯覺，但深受其害的又是大自然，必須割地讓出地方給好心腸的人類種植人工林。

移植出現的斷裂

不過，有些人工林的栽種，可能對加速森林復育多有助益，算是例外中的例外，像是附近沒有能夠天然下種更新古老森林，方圓幾百公里放眼望去，連綿不絕沒有盡頭的農牧區就是最典型的例子。這些地區的森林若要復育，通常都是曠日持久，但大自然通常都是淡然以對——大自然向來都按照自己的節奏，從容不迫地演替，它有的是時間，人類才是急躁不想等待的那一方。人類不該將山林復育視為大自然搶回地盤的挑釁，反而該以正面角度，視其為應付氣候變遷的有效措施，並加強人工干預，加快森林復育的腳步。最理想的執行方式，當然就是多多種植本土樹種，例如山毛櫸、橡樹或是樺樹。

很不幸的，光是人工種植這些小樹苗，初期有許多大大小小的難題，植樹最大的問題就是樹根。若於野外天然的森林裡，一棵四十公分高的山毛櫸樹苗，樹根分布面積大約一平方公尺，我們想要不損傷樹根，將直徑一公尺的根球，挖出來或是移植，是不可能的任務，即使我們忽略上述兩點不計：樹苗加上根球的總重量，就需要出動挖土機，才能夠移植與運送。現實之中，沒有任何人願意為如此幼小的樹苗，付出高昂的成本；相反的，樹苗必須廉價又便於栽種，與慣行農業相似，育林苗圃工資—物價之間，因惡性競爭呈現無止境向下的惡性螺旋，最後形成了樹苗的市場定價：一棵山毛櫸或是橡樹的樹苗，不會超過二點五歐元——這個價格還包括了苗木栽植作業的成本。

以最低廉的價錢，得到最高壯的樹苗，栽植時操作還必須便利簡單，林業對樹苗的種種苛求，造成了以下的結果：

根球體積愈小愈好，樹苗才能輕易的被放進很狹小（因為可以很快就挖好）的植栽穴，所以樹苗的根部，在苗圃時期就常常被修剪截斷，運到林地栽植前，還會再被修剪一次。啊，痛死了！根尖其實是樹木最脆弱敏感的器官，科學家早已在根尖發現了類似大腦的結構，以及類似大腦的反應迴路。樹根尖端的細胞組織，專門負責決定，樹木要吸收多少水分，要透過土壤裡的網絡，接濟多少美味的糖液給鄰居，或是要讓哪些真菌進來共存共榮。

若是樹根不斷的被修剪，脆弱的樹根組織已經沒辦法恢復如初，便難以伸進土壤深處，或者與其它樹木產生連結。還處於幼兒期的苗木，無法互相溝通，碰到病蟲害或是草食性動物攻擊時，就沒辦法防禦反擊。若是天然野生的樹木，活力充沛，一被草食性動物啃食，會立刻散發出化學信號，給周遭的樹木同伴，讓它們事先產生有毒物質，送到樹葉或樹幹超前部署；至於不斷在修根中長大的幼苗，不僅被養成了啞巴，還失去了決定生長方針的能力。樹木被「截肢」的後果：常常出現典型的淺根現象，固著力也因此大幅降低，使得本土的闊葉樹種，也沒辦法將根部伸到土壤深處，暢飲對生存來說，非常關鍵的冬藏水分。淺根帶來的生存劣勢，我們只要看看二〇一九年與二〇二〇年，剛剛種植的人工林，就能馬上得知，那些樹苗在造林元年，統統因為乾旱枯死了；而人工林附近天生天養、同齡的野生樹苗，面對夏天不絕的熱浪，卻依舊綠意盎然。除此之外，野生樹苗還有個很大的本土優勢：它們從小就住在這裡，非常清楚當地的天氣變化，適應殘酷現實考驗也屬於家常便飯；至於養尊處優於苗圃長大的遠房親戚，不好意思，根本就是草莓族，苗圃會定時澆水，從來不知道什麼是乾燥的夏天，驕生慣養的小樹苗，哪有機會學習調控水分收支呢？

苗圃裡長大的樹苗，就跟打禁藥的運動員一樣，習慣苗圃提供源源不絕的養分、溼度恆定的土壤，即使是健康狀態最好的森林，也沒有類似的生長環境——小樹苗一歲到三歲，整天衣食無缺，十指不沾陽春水，直到有一天突然被移植到大面積皆伐的雲杉跡地裡，先被粗魯的塞進植栽穴，然後腳下土壤被夯實，樹根瞬間寸步難行，還搞不清楚狀況的時候，小樹苗卻因為疼痛，被折磨到終於從美夢中醒來，它們根部的居住環境，變成了又窄又小的洞穴，根尖受到嚴重擠壓，吸水能力被大打折扣——前提當然是森林土壤被沉重的林業機器碾壓之後，水分還能滲入土中。

其實苗圃小樹苗，一開始就輸在了起跑點上：除了一些靠自修能學到的知識外，小樹苗不僅沒有能夠受到良好的教育，還缺乏了只有上一代能夠傳承的智慧。天然林裡，父母樹透過表觀遺傳的物質，傳授生活經驗的精華給小樹苗，甲基負責像書籤一樣，在基因上做標記，讓父母樹結果形成種子時，開啟了適合立地環境的遺傳性狀。如此一來，後代小樹苗面對缺水旱災、夏季不斷增加的高溫、季節雨量分布波動時，立刻「知道」如何兵來將擋，水來土掩。

父母樹傳給小樹苗的獨門祕笈，只適用於父母樹生長的方寸之地。你們只要想想我在本書第一部中，提到了我老家威士賀芬鎮上，向陽坡與背陽坡的山毛櫸，兩地的直線距離，雖然只有區區幾公尺，但兩地樹木在用水策略、反應行為上，已經有了極大的差別。不同地區樹木的後代，恭敬地捧著手（或許我們應該說，舉起「樹枝」），從父母樹繼承的生存寶典，可都是因地制宜，各有千秋。

我們再回頭看看苗圃培育的小樹苗，無憂無慮，學到了許多驕奢習氣，對於適應野外造林環境，幾乎毫無用武之地。另外苗木的種源，最初來自依照育林學標準選定的母樹，長於官方認定的林分種源區，樹幹渾圓筆直、種子結實量高、適應性強，這些性狀的用處，在於長出來的木材，非常適合送進鋸木廠加工。人工林裡常常出現的問題就是，苗圃母樹生長的林分種源區，很有可能分布於黑森林（Schwarzwald）地區，而它們的後代，卻被人類強迫長於艾費爾山脈地區。

天然演替的森林，遇到環境發生變化時，還有另一個顯著的優勢：山毛櫸一生當中，大概會產生兩百萬顆種子，每顆種子都帶著不同的特徵屬性。依照統計，通常都只有一棵種子，像中了樂透般有機會長成大樹，取代母樹的地位，這棵最後存活下來的贏家，當然也就是最能夠適應立地氣候條件的霸主。

農牧區的復育作法

不過若是我們想要在農牧區，進行平地造林，靠森林天然下種更新就不是最佳的選項，那麼面對有如生態沙漠般的貧瘠之地，到底該如何復育森林呢？尤其我們希望，能夠快速增加森林面積，其實也沒什麼特別訣竅——師法自然即可，模仿天然森林的演替模式，將整個過程快轉。先在荒漠般的農地上，栽植樺樹或歐洲山楊（Zitterpappeln），開拓荒地向來就是先驅樹種的專長，當方圓幾百公里沒有任何大樹或森林時，以栽植每公畝五百棵樹苗為單位造林，加快森林演替，先驅樹種的樹苗，一年內可以飆長五十公分，很快就會形成迷你森林，立刻提供其它植物蔽蔭，以及穩定土壤溼度。

迷你森林庇佑的林下層，形成了山毛櫸喜歡的微氣候，於是過了幾年，我們便可以在樺樹或歐洲山楊下方，栽植山毛櫸的小苗。更理想的作法是，我們拿個沒有蓋子木盒，固定在木樁上，然後裝滿山毛櫸槲果或是橡實，這樣一來，住在附近的橿鳥或是烏鴉（Krähen），就會叼走這些種子，當作冬天的儲備糧食藏在土裡，牠們的性格向來都是未雨綢繆，很怕餓肚子，光是一個冬天，就會儲藏最多到一萬顆種子，雖然牠們只需要大約兩千顆種子就可以過冬。沒被吃掉的果實，來年春天發芽後，等於就是最便宜實惠的小樹苗，製作種子盒還有立樁的成本，只需要區區幾歐元，然而小樹苗卻能夠在根部完全不被修剪的情況下生長，幾乎就像是天然下種更新。為什麼我說「幾乎」呢？因為它們身旁少了父母樹殷殷教導，只能指望最先抵達的成年樺樹，提供宜人的陰影與適當的溼度，這些援助是無法取代父母樹支援小苗的營養，或者代代相傳的獨門祕笈，讓小樹苗贏在起跑點上的。

干預大自然的徒勞

人類愈是想要干擾大自然發展，愈是適得其反，畢竟誰能夠自信的拍胸宣布，造林之所以成功，只是因為我們無所事事的枯等以及什麼都不管呢？若是一張平面媒體的照片上，主角只把兩隻手插在口袋，站在一旁觀察自然演替，完全沒有插手作為，宣傳效果想必其差無比，政府想要展現危機處理能力，一定要有具體行動，最省事不用動腦的方法就是編列預算。總而言之，政府繼續堅持經營成本昂貴的人工林，不只給森林帶來了許多負面影響，動物世界也是深受其害，特別是有些動物，常常直接被推到經濟發展的交叉火線之上，我沒有用譬喻法，我寫的每一個字就是在描述真實世界正在上演的畫面。

第5章
歐洲狍的威脅

林相改良喊得震天價響，子彈卻不斷飛過樹苗上空……樹林持續傳出咻咻嗖嗖的槍聲，獵人不停瞄準大型哺乳動物扣下扳機，歐洲狍與紅鹿大量死亡。不僅如此，林業最近還向大眾宣布，動物們無縫接軌樹皮甲蟲、危害了新植小苗，變成毀壞森林最新的罪魁禍首。人類擴張，大自然遭殃，森林先是碰到了嚴重的蟲害，雲杉人工林大面積枯死，林業人員風風火火補植育林苗圃出產的小苗，意圖復育山林，小樹苗卻慘遭飢腸轆轆的草食性動物啃食殆盡。但解決這個問題的方法——或許你已經想到了——政府又是用了屢試不爽的老招數，想盡辦法轉移焦點：趕快找到下一個待罪羔羊。於是政客與部分環保團體，肩並肩異口同聲要求提高狩獵配額，大聲疾呼修改簡化目前的狩獵法，他們的要求也沒錯：闊葉樹種小苗的頂芽，確實受到草食性動物嚴重啃食，使得很多地區嘗試生態造林卻徒勞無功，但是這真的是歐洲狍與紅鹿的錯嗎？

通常在沒有人類干擾的天然森林裡，只有數量非常稀少的草食性動物能夠生存，因為山毛櫸林或橡樹林林冠層鬱閉緊密，下層灌木或雜草無法生長，所以動物只待在森林裡的話，幾乎都會餓死。紅鹿天生的棲息地，分布於河谷低地草原，此處在春天降臨冰雪融化之際，常常滯留許多浮冰，傍水平坦的地勢卻成了樹木惡地；尤其當雪水融化水位上升之際，豐沛水量夾帶體積龐大的冰塊，衝擊河岸土地，河水連撕帶扯將小樹苗從土中拔起，捲進湍急的河水裡，至於長成的大樹，則會因為冰塊或是河水的撞擊，受到了許多皮肉之苦。即使到今天，易北河邊有些古老健壯的橡樹，依舊帶著二十世紀中期，洪水暴漲時被撞傷的疤痕。不過，等到洪水退去，水位降低，布滿爛泥的河岸，馬上搖身一變長出青青河邊草，成為歐洲野牛（Wildrinder）、紅鹿與歐洲野馬（Wildpferde）最喜愛的牧草區。若暑氣正盛，低地蚊蟲擾人讓牠們受不了時，動物便往山坡高處遷徙，往上爬到越過了森林界線的高度才停下，因此處氣候涼爽、林木稀疏，滿山遍野長滿了多汁美味的青草。

歐洲狍的天性與上述動物不同，牠們生活於固定的棲地，不會逐水草而居。牠們喜歡隨意漫遊於森林之中，尋找林冠層的孔隙，例如夏天出現龍捲風，將十幾棵參天大樹連根拔起，或是樹幹中心已腐朽的老山毛櫸，有天體力不支撐不住了崩然倒下，都會在林地上形成「聚光燈島」效應[46]。此區陽光能夠直曬地表，腐植質溫度上升，平常躲在陰暗土裡的草本植物種子，把握千載難逢的機會吐芽展葉，短暫擁有了一席

46 Lichtinsel，指的是天然林的林冠茂密，只有在大樹倒下時天空才會被撕開一個破口，陽光直射，就像舞台上的聚光燈一樣。

之地。歐洲狍覓食的習性，一向就是輕鬆寫意尋找綠草如茵的森林聚光燈島，直到有一天人類改變了牠們的文化傳統。人造的林地景觀，樹木間距寬鬆，林地布滿聚光燈島，每次人為疏伐過後，所造成的後果都如同夏天的龍捲風過境，移除了部分植株，讓林冠層變得坑坑洞洞，光線直達地表。我們現在看到人為干擾的後遺症，原本機能還算正常的古老闊葉林，林下層應該是幽暗不明，即使是夏天仍然只有枯枝落葉覆蓋，但樹木間距寬鬆的人工經濟林，林下層植被蔥翠欲滴，交雜長滿了懸鉤子灌木（Brombeer）、覆盆子灌木（Himbeer）、大量草本植物以及歐洲榛灌木，若是在原始林裡，這些植物可是連發芽的機會都沒有。

人類無心插柳柳成蔭，造成林地土表沃野千里，對歐洲狍與紅鹿來說，等於是送上門來的美食，不吃白不吃，當然毫不客氣，趕集似的吃了一肚子，不過拜現代林業管理之賜，林下層水草豐美早就是家常便飯，不算美味珍饈了。特別是常綠灌木，例如懸鉤子，扮演了調控草食性動物族群數量的主要角色，每年二月或三月的時候，林下層通常沒有什麼東西可吃，很多草食性動物注定餓死。這聽起來好像很殘忍，不過這其實是大自然調節動物族群數量的機制，透過營養供需達到自然演化的動態平衡。例如山毛櫸或橡樹豐年時結實纍纍，同年冬天很多動物便能飽餐一頓，果實裡豐富的脂肪與澱粉，提供了動物足夠的熱量，撐到來年春天，但動物若碰到山毛櫸或是橡樹沒有開花結果的年頭，就只能喝西北風了。現代林業經營加上許多獵人，冬天特地運送飼料送進森林餵食，野生動物已經很少碰到鬧飢荒的年頭了，特別是許多人工林林下層，基本上長滿了常綠的懸鉤子，即使冬天大雪紛飛，動物也能隨時取用綠葉當點心。目前森林面臨的雙重危機，來自於人工針葉林岌岌可危，大面積枯死病死，同時間，野生動物族群密度急遽增長，對樹木幼苗產生了很大的威脅。

草食性動物數量增加的危害

大部分林場清理枯立木的方法，就是毫不猶豫統統砍倒清除，也造成了地表直受陽光曝曬，溫度不斷上升，真菌與細菌便以迅雷不及掩耳的速度，分解枯枝、針葉以及腐植質。短短幾年之間，微生物釋放了大量氮素以及其它礦物質到土裡，使得雜草與灌木呈指數性成長，而在養分充足的環境下長大的植物，也會特別美味可口，對歐洲狍和紅鹿有著不可抗拒的吸引力，於是動物便將從食物獲得的多餘能量，轉而投資在孕育後代之上；動物族群數量當然急速成長。

人工造林使用苗圃培育出來的樹苗，卻讓整個情形更是雪上加霜。山毛櫸與橡樹的小苗，被源源不絕的人工肥料、水分寵壞，當它們頂著多汁美味的苞芽，出現在寸草不生的皆伐跡地上時，補充一下，林場為了作業方便，通常都會將枯立木清除，結果聰明反被聰明誤——空曠的林地不只方便人類機器作業，也替動物開道清除所有障礙物。歐洲狍與紅鹿當然不費吹灰之力，將一列列小苗頂端的葉苞，好整以暇一個接一個摘除品嘗。

森林野生動物數量與皆伐跡地的相愛相殺，我在林務官的職業生涯中，實在親身體驗太多次了。一開始是因為溫帶氣旋過境，肆虐山林，一九九〇年的「薇薇安」或是「威伯克」，或是一九九年的「路德」或是二〇〇七年的「克里爾」，每一次都造成了整片林木倒伏，撕破林冠層出現了許多破洞，氣旋過後的下一年，林間開闊地長出豐饒翠綠的草原。讓人最為訝異的是，歐洲狍與紅鹿狂吃人工栽植小樹苗的情形，卻沒有如預期中嚴重，不過我覺得這屬於正常現象，畢竟草本植物在林間開闊地飆長，對野生動物來說，等於擴大了牠們的草料供給，而且牠們既然活在美食的極樂園裡，產生大量後代還需要一段醞釀期，野生動物衣食無缺之下，闊葉樹種樹苗被啃食的機率與風險，當然也降低了許多。

直到幾年之後，整個情況才會呈現大翻轉，許多小樹苗慢慢長高，壓制了地表雜草灌木的生長。除了人工種植的闊葉樹苗以外，冒出頭的大部分來自於針葉樹種的樹苗，這也在意料之中，畢竟林地以前的植被，以雲杉和松樹人工林為主，所以土壤裡埋藏了許多種子，在母樹受到樹皮甲蟲危害或是生病死亡之後，吐芽抽長，以便在不遠的將來，能夠形成新一代針葉林的大量「接班樹」。針葉樹小苗的枝葉含有樹脂以及精油，不合歐洲狍與紅鹿的胃口，隨著時間一天天過去，林間開闊地的面積，以及地表雜草灌木的數量，也一天天減少，演變成了僧多粥少的情況，數量繁多的野生動物開始挨餓，牠們漫遊兼覓食時，若是發現任何綠色植物，當然馬上吞下肚充飢，結局就是人工栽植的闊葉樹小苗，在野生動物地毯式的搜索下，統統被吃得一乾二淨。

那目前解決問題的最好方法，難道不是派獵人獵殺歐洲狍與紅鹿，減少族群數量，保護剛剛種下的小樹苗嗎？

受到政府帶風向的影響，社會大眾的確漸漸認同了這個想法，但是依我的淺見，大家忽略了一個非常重要的因素：我之前就有提過，森林生理調控機制大部分的功能運作其實很正常，動物族群增加的主因，是拜人類進行疏伐作業，移除了部分立木，擴大樹木間距，食物來源增加所賜。其實早在十幾年之前，我轄區內已經有學生為此做過研究，老樹比例特別高的山毛櫸保護區，幾乎見不到野生動物啃食樹苗的現象，古老山毛櫸林或橡樹林，林下層暗淡無光，小苗生長極其緩慢，照理說，它們應該特別容易成為野生動物的口下亡魂才對，畢竟樹苗頂芽要長到超過歐洲狍嘴巴搆不到的高度，可能要花整整一百年的時間，但天然林裡的山毛櫸小苗，嚴重缺乏日照，葉子帶著苦味難以下嚥，適口性非常低，連飢腸轆轆的歐洲狍與紅鹿也嫌棄，大部分的山毛櫸樹苗因此幸免於難。

這也是為什麼，我轄區附近其它林主經營的林場，遇到溫帶氣旋肆虐，清理倒木後，重新造林種植的樹苗，與天然林裡安然無事的野生樹苗不同，受到草食性動物非常嚴重的危害。人類造林的一舉一動，落在野生動物眼裡，簡直就像野外新開了間露天餐廳，讓牠們餓了就走過來飽餐一頓，飽了便回森林深處休息。至於養成野生動物啃食葉苞（Verbiss）習性，讓林業經營損失慘重的始作俑者，就是林業自己。話說，江山易改，本性難移，林業看不清自己的問題，也不是什麼新鮮事，這次選中了無辜的野生動物，為自己背黑鍋——這也是林業對於森林危機發生後，編造出來的第二個主要外部成因，第一個是前面提到的氣候變遷。

狩獵定額治標不治本

我曾經在負責的轄區裡，核准更高的狩獵歐洲狍、紅鹿以及野豬狩獵定額，並宣傳只有這樣才能夠保護森林，你們看到這裡有沒有覺得幻想破滅？不過我已經有好幾年沒狩獵了，主要是因為最新的科學研究結果，還有我自己觀察到的經驗，讓我已沒有拿起獵槍的動機了。

那時我曾經非常擔心森林的健康狀況，急著更新我轄區內的雲杉人工林，轉成半天然的闊葉林，為了達成這個目的，闊葉樹小苗必須先逃過野生動物的魔掌，才有機會長成參天大樹。但我復育天然林的計畫，卻常常因族群數量眾多的草食性動物而宣告失敗，於是我開始在屬於我管轄的狩獵區內，與所有相關人士進行艱辛漫長的談判[47]，大家達到共識，同意每平方公里的森林面積，必須射殺超過二十隻以上的歐洲狍，之後幾年，我們也一直維持同樣的狩獵定額。這個定額是德國平均數字的兩倍，但也漸漸看出成效，我們辛辛苦苦種植的山毛櫸樹苗，終於不再被動物啃食而能慢慢茁壯。後來，前面提到在我轄區進行研究的學生，還有我對自身作為林務官的反思，讓我不禁開始質疑人工管理森林的作法，難道負責經營森林的林務官，也是造成了野生動物族群遽增的元兇？我苦苦思索數月之久，拚命想要找出一條森林與野生動物能

47 獵人希望野生動物的密度愈高愈好，這樣方便打獵，所以才要辛苦的談判，而且他們不想要射殺太多動物，因為這些族群會愈變愈小，但是作者想要保護森林，所以要提高狩獵定額，減少野生動物總數。

夠和平共存的路。

為此我開始試著先整理一些數據，藉以釐清思緒：如果我管轄的狩獵區，每年每平方公里內，有二十隻歐洲狍會被射殺，那表示還有至少四十隻歐洲狍仍在森林活蹦亂跳，其中一半還是母的。以上粗略的估計，建立在每年春天歐洲狍又會繁殖二十隻幼仔基礎上，但我可不是隨便臆測，我是根據轄區內的獵人，按我們談好的定額射殺動物行之有年之後，森林依舊看到許多歐洲狍活蹦亂跳才大膽假設，反過來說，如果歐洲狍族群數量，比我最初的預設還要低，那麼經過多年狩獵後，族群的數量一定會接近滅絕，不過這件事顯然並未成真。

我家鄉艾費爾山脈，以德國平均生活環境來說，非常榮幸被認為是適合歐洲狍與紅鹿生存的理想棲地，所以我轄區野生動物的族群分布，應該具有一定的代表性。我們假設，德國平均每平方公里林地上，生活著大概四十隻歐洲狍，牠們繁殖的後代平均只有十隻會被射殺[48]，那其它的十隻歐洲狍幼獸到哪裡去了呢？如果射殺野生動物真的可以調節族群大小，那麼日積月累之下，因為過低的狩獵定額，野生動物族群的數量想必會爆炸性成長才對，但事實並非如此，就如同你在森林漫步時，也沒有看到滿山遍野的歐洲狍。

什麼叫作指數級成長，我們因新冠大流行，以慘重的代價瞭解到這是怎麼回事。若歐洲狍族群數量從來沒有被抑制，隨著時間過去，某個時間點，森林一定會擠滿了

48 德國平均狩獵定額是十隻，作者前面提到他為了保護闊葉樹苗，加了一倍，規定狩獵定額變成二十隻。

歐洲狍，摩肩接踵，連站的地方都沒有。不過你若是喜歡進行戶外活動，依舊需要非常好的運氣，才有機會親眼看到一隻野生動物，所以我再重複剛剛提過的問題：每平方公里那十隻沒被射殺的歐洲狍幼獸去哪了呢？答案非常簡單：牠們死了，自然死亡、死於飢餓、死於疾病，或是被掠食性動物捕食。最後一項死因，我要特別說明一下，草食性動物的幼崽常常遭到野豬的毒手，而不是非常罕見的野狼；這隻脖子間長著鬃毛的雜食動物，春天時會用靈敏的鼻子，地毯式搜索草叢，打打牙祭吃掉草食性動物的幼崽。

獵人射殺無濟於事

最讓人百思不解的一點是，社會大眾卻認為，透過狩獵配額來調節歐洲狍、紅鹿以及野豬的族群數量，絕對有其必要性。為什麼偏偏就是這三種動物，大自然沒辦法自行調節其族群數量呢？但卻沒有人大聲疾呼，要獵人幫忙調節烏鶇、蚯蚓或是松鼠的族群數量，不，看來這三種需要靠狩獵調節數量的動物，恰好也是幾百年來，狩獵傳統上，用來當戰利品向同儕炫耀的物種，世間很多事情都只是巧合而已，我們不該過度解讀。

我們先把這個巧合撇在一旁不談，從幾十年前起，人類已經不斷透過狩獵，來解決啃食葉苞的問題，也就是之前提到草食性動物取食樹苗的行為，我們來看一些數字，檢驗這個作法的成效：一九七〇年代，每年獵人大約射殺了六十萬隻歐洲狍，今天這個數字，已經增加到每年一百萬隻了；同樣的統計時期，吃光所有的山毛櫸槲果以及田野果實，造成了林業植栽與農業作物損傷的野豬，每年被射殺的數量，也增加了足足十倍。[74]儘管射殺野生動物的數量大幅增加，農林業因為野生動物造成的經濟損失，卻完全沒有減輕的趨勢。

至於為什麼狩獵數量不斷增加，經濟損失卻沒有減少，還有另一個主要原因：野生動物拜人類之賜，常常被迫長期待在牠們不想停留的地區。我舉個典型的例子，大家就會知道我在說什麼：林間草生地（Waldschneise），是一塊長方形的林間開闊地，這裡附近的隱蔽處，常常被放置狩獵高台，以方便觀察全局，因為伏獵需要廣闊的視野，獵人希望當動物從森林跑出來時，他可以立刻察覺，另外，獵人也不希望開槍時，子彈打到樹枝樹葉，被反彈到其它方向而不是命中目標。草生地因為氣候的關係，不利樹木生長，歐洲狍與紅鹿當然急吼吼想要一嘗鮮美的青草，不過牠們也早就學會，草生地附近常有獵人出沒。聰明有經驗的紅鹿，走出森林前，甚至會先觀察狩獵高台上，是否有人類拿著武器擺出射擊姿勢，才決定要不要冒險出去覓食。如果牠們沒辦法確認是否安全，便會非常有耐心，等到黃昏時刻，森林光線昏暗，人類掠食者看不清楚時才走出森林。

這個林間草生地，同時代表了「可能會死」，還有「保證有得吃」。草食性動物必須隨時隨地不斷進食，但牠們白天又不敢去草生地覓食，於是便成日躲在森林裡，嘴饞無比，情急之下想出緊急方案，既然沒有大啖美味的青草，那就以樹苗的嫩芽嫩葉來充飢好了，紅鹿甚至誇張到直接把樹皮撕下來吃。

狩獵活動愈是頻繁，野生動物愈是不敢在白天的時候漫步到草生地覓食，然後牠們造成人類經濟損失就愈大。再加上很多獵人會放置飼料誘獵動物，更是讓情況變得每下愈況。近幾十年來，政府利用狩獵調控野生動物族群數量，已經證明了徹底失敗，因為野生動物數量居然變得愈來愈多，但官方的策略依舊是：必須射殺更多無辜的動物！我實在忍不住要重複之前提過的瘋狂定義：一直重複同樣的行為，每次卻期待不同的結果。

回到大自然的動態平衡

總結以上的許多因素，野生動物因為人工經營森林的管理方式，以及獵人運送飼料進行餵食，牠們族群數量目前處在歷史高點，但能夠調節歐洲狍與紅鹿的主要因子，一直都是動物能夠取得能量的多寡，並不是獵人開槍的次數。

目前學術界也認同，生態系具有自我調節動植物數量消長的能力，這反而引出了另一個問題：狩獵真的還有其必要性嗎？我知道，一看到這句話，很多堅持生態經營的林務官，馬上感到不悅、甚至被冒犯，因為他們的世界裡，森林的多樣性除了要有本土樹種以外，還必須有獵人透過狩獵，調節野生動物的數量才算完整。甚至大型的環保組織，也陷入保護動物與狩獵傳統的困局，居然跟風政策，一同提倡提高狩獵定額，但是目前提出的應對方案，不斷提高狩獵配額，野生動物還是持續增加了造林的經濟損失，我們或許應該認真思考，是不是應該試試新的作法。說實話，我也不知道禁止狩獵是不是真的能夠一掃弊端，解決問題，但我們要不是一勞永逸解決問題，有天問題會解決我們。我的建議如下：我們可以將兩個鄰近的縣市，宣布成為禁獵示範區，面積一定要夠大，這點特別關鍵，因為示範區面積太小的話，可能會形成諾亞方舟效應，野生動物把這裡當成庇護所，統統躲進小小的示範區，樹苗受到損害的風險反而大增，所以我們可以先成立面積廣大的禁獵示範區，讓大自然慢慢演化，再度形成動態平衡，前提是如果這個點子行得通的話。

一旦成立了禁獵示範區，第二個造成動物族群數量增長的主要因素，也跟著消失了：獵人餵食。直到現在，高達數公噸的飼料仍然被運進森林裡，以保持狩獵區歐洲狍、紅鹿與野豬族群數量維持在高點。這時很多獵人應該大喊冤枉，並申辯餵食野生動物早就被禁止多年了，但是他們只說了一半真話，翻開獵人法，關於冬天下雪時的法條，藏著他們隱藏的另一半真相（法條規定天氣惡劣之下，為了保護動物免於餓死可以餵食）。另外法律對「置放飼料於森林之中的行為」有了新的說法：飼餵狩獵[49]，以法條解釋這個詞彙，就是以食物誘捕動物，然後加以射殺[50]。

森林裡的野生動物，已經變得愈來愈害怕人類，獵人常常必須用食物引誘牠們，才有機會扣下扳機。但運進森林裡的飼料數量之多，讓野生動物大量繁衍，例如野豬

49 Kirrung，這不是單一的狩獵形式，它是飼餵、槍獵、夾捕等幾種狩獵形式的綜合運用。飼餵狩獵是在野生動物經常出沒的地區，定期或不定期的補給它們一些食物，誘使它們待在範圍不大的一定地區，到了獵季，獵人可以在投餌飼餵區域獵捕，花費不大的勞力，能取得巨大的收穫。

50 作者指政府獵人團體在玩文字遊戲，換湯不換藥，運飼料餵食伏獵動物，或是飼餵狩獵講的是同一件事。

或其它動物，數量多到獵人完全來不及射殺。若是禁止狩獵的話，上述的荒謬場景也會成為過去式，獵人也可以省了很多時間精力調節動物數量了。

造林初期，受到野生動物嚴重侵害的不只有樹苗，偉岸挺拔的大樹也常常被紅鹿拔樹皮啃樹幹，造成了生長減緩、木材品質顯著劣化的災情，這兩種損害的差別在於：人類很關心，因為草食性動物造成的人類經濟損失；大自然的生態損失，則沒有引起任何特別關注。除此之外，人類的經濟損失，還不斷的被放大宣傳，以便讓大眾認可，累壞動物來取樂的耐力狩獵，屬於正常的休閒活動。在海洋生態系裡，大型哺乳類被漁民獵捕，激起了大眾的同理心，紛紛走上街頭抗議；反觀我們身邊，時時刻刻都有幾百萬隻美麗、體型龐大的草食性動物，不斷被射殺黯然死去，大眾對此卻習以為常，還認為有其必要性。

林業應該對僅存的森林大幅降低人為干擾，因為森林生態系已經快到臨界點了。山毛櫸、橡樹與其它的樹種，已經學習了幾百萬年，與貪吃的草食性動物保持距離，相安無事，直到最近，因大量需求木材資源的人類，將天然林轉成人工經濟林，樹木的自衛能力被大幅削弱，這場拉鋸戰才翻盤。最糟糕的是，人工林天生脆弱敏感，非常容易受到昆蟲、溫帶氣旋、乾旱的危害，但看出這一點的人還是很少，而且當獵人沒有及時射殺足夠的動物，讓野生動物數量暴增時，或許另一種生物，會取代獵人的角色保護森林——野狼回歸了。

第6章 當野狼成為氣候保護者

我承認：野狼除了身為動物保育重要指標之外，現在又多了對抗氣候變遷英雄的角色，讓人有點毛骨悚然。我不想保持沉默，野狼本來就是自然生態的一部分，所以我非常高興而且歡迎，牠們重新回到故鄉定居了。這隻披著灰色大衣的掠食者，並不是受人為野放成功回歸，而是隨著牠們巢域慢慢擴張，終於再度踏入過去曾經生活的故土。自從一九九〇年起，野狼在德國已被列為瀕危動物，禁止射殺捕抓，不過政府與民眾為保護野狼所做最大的努力，大概就只有不反對牠們回歸而已。我家鄉艾費爾山脈的最後一隻野狼，在十九世紀左右被射殺，也差不多在這個時候，德國野狼完全絕跡了。直到二〇〇〇年，薩克森邦（Sachsen）發現一對野狼夫妻，成功繁衍了後代，超過一百多年後，德國土地終於再度誕生了野狼幼崽，開啟了新的生態局勢。野狼回歸後，從德國東邊快速的向西擴張，同一時期，由南歐地區往北，到達德國南部的擴張速度，則顯得慢了許多51，而且艾費爾山脈的無人地帶，還是幾乎看不見任何野狼的蹤跡，但我們仍可依據統計數字，進一步瞭解德國目前野狼族群分布情況：二〇二〇年底，生活在德國的狼群有一百二十八群，三十五對夫妻，以及十隻獨自生活的野狼，牠們分布在一百七十三處不同的巢域，光是二〇二〇年的春天，就有四百三十一隻野狼的幼崽出生。[75]

野狼是食肉性動物，牠們主要獵捕歐洲狍、紅鹿、野豬或人類飼養放牧的動物，上述清單上的最後一項，常常讓野狼被嚴重抹黑，登上德國報紙新聞頭條——真的非常不公平。根據哥利茲（Görlitz）森肯貝格研究所（Senckenberg-Forschungsinstitut）的調查，野狼捕食的動物裡，家畜比例還不到百分之一。[76]但野狼與羊群，或是其它家畜誰有生存權的討論，不是我寫這篇章節的重點——因為我在我的其它著作裡，已經討論過相關的話題了。現在我想要讓你們知道，學術界如何得出，野狼可以幫助人類控制氣候變遷的結論。

答案其實已經呼之欲出了：野狼以捕食其它動物為生，特別是體積龐大的草食性動物，吃素的歐洲狍、紅鹿，佔狼群獵物的比例，超過百分之七十五。草食性動物天天都必須食用大量的綠色植物，轉化成能量，然後植物裡的二氧化碳與水分，就會被釋放到大氣之中，所以草食性動物所到之處，植被不管活著或是死去，再也不具有吸

---

51 因為中間隔了一座東西向的阿爾卑斯山。

存二氧化碳的能力了[52]。

我們其實還不清楚，野狼是否有足夠的生態影響力，控制歐洲狍與紅鹿的數量，以現存野狼的數量，牠們必須獵殺遠遠超過牠們所需草食性動物的數量，才會成為調節野生動物族群數量的主要因子。我們可以很快的計算一下，野狼巢域平均面積，大概是一百到三百五十平方公里大，牠們捕獵的範圍，當然會視巢域內有多少獵物生活，時而擴張時而縮小。[77]我們現在取巢域面積的最小值，一百平方公里，當作我們計算的基礎，正常情況下，依棲地森林能夠提供給草食性動物的植被品質與數量不同，大概會有二十到七十隻體型龐大的哺乳類（歐洲狍、紅鹿和野豬）跳躍其中，所以狼群的「牧場」裡，應該有著兩千隻到七千隻草食性動物漫遊生活，所以野狼潛在的獵物，每年大概會繁殖兩千隻到三千隻的幼崽。即使我們如此保守的估算，數字會說話，看來狼群每天必須獵殺非常高額的獵物，才能夠真正減低草食性動物族群的數量——科學數據證明，野狼根本吃不了這麼多：波蘭比亞沃維耶扎原始森林（Białowieża-Urwald）裡的野狼，主要捕食的獵物分布如下，紅鹿百分之十二，野豬百分之六，以及歐洲狍百分之三，以上的百分比以春天時族群分布為總數。[78]我提出另一個數據當補充資料：歐洲狍的繁殖率，大概是百分之五十。儘管如此，野狼即使沒有吃掉足夠數量的獵物，還是顯著影響了歐洲狍的族群數量，但是牠們如何做到的呢？

---

52 因為植物被動物吃掉，轉化成能量再排出二氧化碳到大氣中。

關於這個問題的答案，我們必須換個角度來看看：不同地區環境條件下，歐洲大陸植被生物量分布的差異，能夠提供一些端倪。荷蘭奈梅亨拉德伯德大學（Radboud Universität Nijmegen）的塞爾文・霍克（Selwyn Hoeks），就是專門研究這個課題，他的研究團隊以電腦建立了生態模型，模擬當體重超過二十一公斤的大型掠食者，消失於生態系中，植被生態系有可能會發生什麼變化，電腦運算的結果是：草食性動物族群數量會大幅增加，植被生物量則會大幅減少。若從溫室氣體的角度來解讀，兩者數字之間的消長，也間接指向生態系吸存溫室氣體的能力，隨著大型的頂級掠食者消失，反而大幅度降低了[53]。

大型與中小型掠食者的拉鋸

野狼是德國的明星動物，但德國本土頂級掠食者俱樂部裡，還有其它物種：我們必須算上猞猁（Luchs）以及棕熊（Braunbär），三劍客都回歸了，德國生態系才算完整，當然前提是，人類必須願意讓牠們再度踏進德國的故鄉[54]。雖然德國某些地區，例如巴伐利亞的森林帶，或是哈茨山脈（Harz），都有長著毛筆形狀耳朵的猞猁出沒，但總體來說，體型大的掠食者，數量仍然非常稀少，所以草食性動物族群的數量，受

---

53 因為植物都被草食性動物吃掉了，沒辦法固定二氧化碳。

54 二〇〇六年六月二十六日清晨四點五十分，野生棕熊布魯諾（Bruno）在阿爾卑斯山區遭到射殺死亡。布魯諾是自一八三五年以來，首次進入德國境內的野生棕熊，布魯諾遭射殺後，德國境內至今依舊不見熊蹤。

到猞猁存在的影響非常有限，那我們更不可能指望，德國境內完全沒有的棕熊出手了。即使野狼已經回歸德國二十年以上，對生態系的影響力依舊微不足道，況且，野狼回歸後，也還沒有佔領所有適合牠們居住的巢域。電腦模擬結果已經證明，若是真的有一天，德國頂級掠食者統統回歸，數量也增加到一定程度時，當然能夠調控其它草食性族群的數量，而且學者藉著生態模型，還發現了更深層的生態意義。

電腦模擬結果顯示，生態系裡的頂級掠食者一旦消失，對每個層面的物種都造成了很嚴重的後果，最令人擔憂的，就是歐洲狍、紅鹿，還有其它哺乳類動物疾病發生的頻率增加了。隨著族群數量增加，動物間的接觸也就愈頻繁，病源傳播的速度就愈快速，這點人類透過冠狀病毒，付出了慘痛代價，也得到了同樣的教訓。草食性動物增加，植被生物量減少，加上不斷處於變遷之中的氣候，最後碰上了頂級掠食者的缺席，大自然的動態平衡正在崩潰。

生態系中小型掠食者的數量，例如胡狼（Kojoten）或者是狐狸（Füchse），卻呈現了正成長，屬於意料中之事；畢竟牠們本來就是野狼或是大型掠食者的獵物，但有趣的是，隨著野狼消失，大型雜食性動物棕熊的日子，居然也變得特別難過：電腦模型中，顯示牠們的數量與野狼的數量同時減少，根據主持此研究作者的推測，除了數量大幅增長的小型掠食者大軍，會與棕熊爭搶主要的動物性食物來源（例如像是屍體）；另一方面，數量大增的草食性動物，也減少了棕熊的植物性食物來源，野狼消失，棕熊反而受到雙面夾擊，營養來源大幅降低。不過棕熊若是住在四季分明的地理區域，例如中歐地區，以上的現象反而比較不嚴重，主要理由是：四季分明的氣候帶，冬天才是物種數量的限制因子，畢竟冬天植物都枯死了，沒辦法提供任何營養，草食性動物的數量本來就不會無限制擴張。[79]

而現在輪到林業經營上場了：懸鉤子與其它讓人流口水的美味雜草，在人工經濟林裡，因高強度的疏林作業，冬天還是綠意盎然，造成了野生動物族群增長，超過了自然生態最能承受的臨界點，處於如此的大環境之下，即使野狼回歸，也沒辦法使得大自然的平衡回到最初的狀態。或者我們反過來這樣想：如果我們減少伐木、增加森林覆蓋面積、獵人停止運送飼料餵食野生動物、人類允許大型頂級掠食者回到牠們以前的巢域，這時頂級掠食者對生態系的影響力，才能夠真正發揮。如果有一天，以上這幾件事真的發生了（而沒有任何人事物嘗試阻止），那狩獵不僅會變得多餘，而且會完全行不通，因為天然草食性動物的密度，只是現在人造環境密度的十分之一，面對沒有人為干擾的大自然，動物數量低到獵人根本連扣下扳機的機會都沒有，既然連野生動物影子都看不到，也不需要開槍了。

人類與自然共存的可能

在不斷嘗試尋找各種人類與自然共存的可能之後，我們得出的結論其實都指向了同一個方向：我們必須降低對自然資源的需求，大幅減輕人為壓力，快速降低人工管理的干擾與狩獵活動密度，使一切在生態系的天然容忍極限之內，才是釜底抽薪的解決辦法。

然而，很不幸的，德國政府對於解決氣候變遷的法寶，保持了匪夷所思的風格：

請大家多多使用木材！

第7章 零碳排的木材

長久以來木材被視為再生資源，當人類砍下一棵樹，丟到火爐裡燃燒取暖，樹木吸存的二氧化碳，便再度釋放到大氣中，不過以永續概念經營的林業業者，砍樹後會在原地種上新的樹苗，當小樹長成大樹，持續吸存更多溫室氣體，彌補了「前樹」釋放出的溫室氣體排放量——以上為眾人皆知的森林碳循環。這也是木材會被視為幾乎是零排碳自然資源的主因，林務單位與私人林業業者同聲一氣，不斷重申以上的論點。[80]官方的林業主管機關，甚至提出鏗鏘有力的說法：若人類不利用森林資源，樹木難道就可以逃過死亡，最後被分解腐朽的命運嗎？腐朽對政府來說，僅僅是木本巨人結束生命後，樹木的屍體被微生物分解和消化，排出二氧化碳而已，至於二氧化碳濃度增加，來自於人類燃燒木材獲得能量，或是讓這些「小小兵」大啖食用，沒有差別，反正地球都受到了影響。有了氣候保護的正當性，林業對於樹木長到具經濟價值樹圍寬度時，再也不手軟，統統直接砍倒，反正只要原地再度栽植樹苗，木材原料供應鏈循環便可生生不息，人類也有了源源不絕零碳排的森林資源可以利用。樹木的命運，不是被砍倒就是自然死亡，為了避免浪費，唯一需要討論的，只是砍下來的木材應該先加工利用，還是跳過木製品這一步，直接送進火爐燃燒發電，端看哪一種方式可以給林主帶來比較高的經濟價值。

但這筆帳的算法其實大錯特錯，上述論調乍看之下非常合情合理，燃燒木材時所釋放出來的二氧化碳，不會比樹木在生長時所固定的碳要多，但我們不去砍樹，二氧化碳就會持續儲存於樹木之中，還不只如此：如果這些樹木繼續活著，長期下來，就可以固定更多碳分子，而且固碳效率甚至會愈來愈快。老樹才是吸存溫室氣體的武林高手，我們只要看看老樹年輪就會知道，每年樹木在木質部與樹皮之間，都會長出新的年輪，年輪的寬度隨著年紀增長保持不變，樹木變得愈來愈粗，直徑一直增加[55]，體積便呈現指數性增長，所以，樹木活得愈久，固碳的能力與效率也會跟著指數性上升。樹木一直到了超過人工林平均收穫年齡之後（德國的木材收穫年齡大概是八十年到一百五十年間），仍然處於加速生長階段，慕尼黑科技大學的漢斯．普雷斥（Hans Pretzsch）研究發現，橡樹與山毛櫸的生長速度，其實是超過高齡四百五十年後，才會慢慢降下來。[81]

在同樣的林地面積之上，一棵五十公尺高的大樹，儲存的碳量比起細瘦樹苗，不知凡幾。然而，高聳巍峨的大樹，不管是在加拿大或是在歐洲，幾乎已經見不到了。

---

55 年輪寬度不變，樹圍直徑增加，表示樹木每年要長出的生物量愈來愈大圈，也就是說體積愈來愈多。

隨著長期的伐木，以及不斷重新栽植新樹苗，德國樹木的平均年齡，僅僅只有七十七歲，[82]德國本土樹種的自然壽命，其實可以活到五百歲或是更久。我想要強調的重點是：森林作為碳匯的運行週期，與林務單位鋪天蓋地的大內宣，告訴我們木材資源利用週期，中間整整差了四百年。現實中上演的是，許多樹木被砍伐還處於青少年時期，根本連發揮固碳潛力的機會都沒有，生命就被迫中止了，還不只如此：伐木嚴重破壞了森林立地環境，樹木植群再也不能提供強力冷氣，或是自行創造更多的降雨，就如同我們在皮耶雷．伊必敕教授的研究中所學到的一樣。至於生活在人工經營森林的樹木，很不幸的統統變成短命鬼，無法壽終正寢。因為樹木小時候，必須在母樹陰影下緩慢生長（而我們已經知道，這個青年期有可能持續到百年以上），才能夠打好活到四百年至六百年左右的健康基礎。對小樹至關重要的「教養陰影」，因人為砍伐母樹而消失了，同時也強迫了年幼的小樹暴露於全光照的環境之中，個個急速抽長，快速消耗了生命能量，所以正常情況下，人工經濟林的成年大樹，即使沒有被砍伐利用，最多只能活到兩百歲或兩百五十歲，就走向了生命的終點。

長壽的山毛櫸絕跡

義大利的科學家在波里諾國家公園（Pollino-Nationalpark）進行研究，想知道山毛櫸到底能夠活得多長。此座國家公園位在義大利南部（離義大利靴子的靴頭不遠處），面積大概有兩千平方公里，屬於歐洲面積最大的自然保護區之一。國家公園內有片原始山毛櫸林，學者也在此發現了歐洲最老的山毛櫸，學者計算年輪之後，判定山毛櫸神木已經六百二十二歲了，給它取名為米歇爾。不過這棵山毛櫸內部的心材已有部分腐朽，最老的年輪已經不見，無法列入計算，研究團隊因此推測米歇爾的年齡，應該高達七百二十五歲左右，[83]聽到這個數字，我驚訝得說不出話來，我目前看過最老的山毛櫸，幾乎都沒超過三百歲。

波里諾國家公園的氣候環境特別嚴峻，樹木生長速度也像苦行僧般的緩慢——這就說明了，為什麼米歇爾會活到如此高壽。另一方面，環境條件比較溫和的原始林裡，例如在羅馬尼亞的喀爾巴阡山脈（Karpaten），根據當地環保人士的資訊，他們在人跡罕至的峽谷裡，也發現了高壽五百五十歲的山毛櫸，依舊枝繁葉茂，欣欣向榮。所以中歐地區的山毛櫸，活到三百歲應該是沒問題，當然前提是人類恩准山毛櫸活這麼久，過著自由自在的生活。當我一想到，德國曾經是全球原始山毛櫸林分布的中心，而現在德國的森林裡，居然找不到一棵高壽的山毛櫸，我真的非常痛心疾首，不勝唏噓。

我們再拉回到碳匯主題，現在我們都知道了，老樹能夠持續幾百年，不斷吸存碳分子，它們固碳的速度，會直線上升到四百五十歲左右，才慢慢減緩，所以保護氣候的宣傳口號應該是：我們一定要讓樹木慢慢變老。不過林業政策的發展，卻與這個方向背道而馳，當然，你們可能不禁要問，不靠人工經營森林的話，木材要從哪裡來，這點我會在下一章做更多的說明。

林產工業為了捍衛主要原料來源，也試著提供另一種說法，為什麼使用木材資源，反而能在氣候保護方面有所貢獻：他們強調許多木製品使用週期相當長，我們應該視其為長期固碳的儲藏室。當人類將二氧化碳以木屋或是木製家具的形式固定下來，又在被砍伐樹木的原地，種上新樹苗，繼續捕捉空氣中的碳分子，加加減減之後，使用愈多木製品，碳分子就愈會被多次吸存利用，總量甚至勝過了天然、沒有被人工砍伐經營的森林固碳量。天然林裡自然死亡的樹木，本來會被腐朽分解，樹木內的碳分子，再度釋放到大氣中——這個論點我前面已經說過了。反正某年某月某日，樹木都要面對死亡，若我們讓樹木慢慢變老，保存天然林的話，反而變成一種浪費，木材不能透過層級應用，多次吸存二氧化碳。身為聰明的消費者兼環保人士，除了要求政府，全面以人工管理經營所有森林以外，沒有其它最合適的選擇了。

過度使用森林資源

木材屬於讓人愛不釋手的天然資源，我熱愛所有木製品，例如我的書桌就是由一棵年老、天然死亡的榆樹（Ulme）製成，桌板的有些角落，還看得到甲蟲鑽進鑽出，曾經在裡面度過一生的小洞，木匠將桌面做了特別處理，沒有刨平反而任由年輪凹凹凸凸環繞散布，有時我正在寫新的文章，或沉溺於文思之中，會無意識的尋找桌上榆樹輪廓，觸摸書桌上年輪的紋路，常常激起我與大自然的連結，不過從現實面來看，我充滿感性撫摸的，其實就是樹木的屍骨，然而，我使用榆樹書桌的原因，並不是聽信了林產工業悖論，為了減緩氣候變遷，而是我就是喜歡木製家具。基本上——這點我們必須明白的說清楚——沒有一種天然資源的消耗，對大自然有任何好處，最大的差別，只是對大自然衝擊的輕重而已。你可以想像一下，你家門口的麵包店，星期日早上賣給你的小圓麵包，上面貼著這個標語：這個烘烤的食物，對保護氣候有所貢獻。聽起來很詭異，對吧？而林務單位以「綠色行銷」的形象販售木製品。麵包或是木材對保護氣候都沒有助益，而且我們也不需要靠這兩種產品保護氣候。當我們有實際上的需求，利用木材資源完全合情合理，只要在生態系能夠承受的範圍之內，完全不會造成任何問題，但非常不幸的，人類利用森林資源的強度，老早就超過了生態系所能承受的臨界點。

燒樹發電廠的問題

我們再回到之前的論點，使用週期長久的木製品，比天然森林能夠吸存更多的二氧化碳。事實上，即使所有的木材都被加工成了木製品，過了幾十年後，木製品裡的二氧化碳，也會再度被釋放到大氣中。而這些號稱使用期限長久的木製品，到底是有多久？漢堡大學（Universität Hamburg）的阿諾．佛羅瓦爾得教授（Professor Arno Frühwald）發表的研究顯示，廉價傢俱使用期限大概是十年，書本至少還有二十五年，房子的木製建材（例如屋頂橫梁）則有七十五年。平均來說，所有產品使用期限大概是三十年，對於敲鑼打鼓宣傳長期固碳的產品來說，並不是一個特別長的期限；[84]原始林與其相較之下，卻能夠將溫室氣體儲存長達幾百年之久，而且我們不要忘了，經過加工處理的木材，可沒有降低地表溫度和自行創造降雨的能力。

還有更誇張的是（或者說更糟）：樹木努力長出來的木頭，有很大的部分並不是用於加工，而是為了丟進暖爐，或是天然生質能源的發電廠燃燒，燒掉木材總材積量，超過六千萬立方公尺，等於是德國每年的立木砍伐材積量；[85] 扣掉廢棄木材，或是回收紙類提供木材材量，德國每年對木材的需求，也差不多六千萬立方公尺，為了彌補缺口，德國除了大量進口木材，沒有其它選擇了。不過政府的能源政策，又將木材需求推向另一波高峰：德國效法歐洲其它國家，把大型的燃煤電廠改建成燒樹發電廠，例如威廉港（Wilhelmshaven）的燃煤發電廠，正考慮要將煤炭換成木顆粒燃料（Pellet），木顆粒燃料是由鋸木的木屑、其他木製品、廢棄木料一同壓實製成。若是這座電廠改成燒樹的話，木材需求量大概是每年三百萬噸[86]——差不多等於每年六百萬棵樹木。

二〇一八年大概有八百位學者，對歐盟議會提出警告，提倡使用燒樹發電廠的歐盟政策，不僅加劇了氣候變遷，也給了世界其它國家非常糟糕的示範。[87] 甚至德國聯邦政府所屬、風格向來保守（尤莉雅·科樂克能的典型作風）的聯邦圖能研究機構（Thünen-Institut），也提出了反對這項政策的建議：減緩氣候變遷的最佳作法，就是將森林列入保護區，並且停止伐木。[88] 儘管如此，德國聯邦農業部透過林務單位，繼續鼓勵使用木材或木顆粒燃料，造成了木材資源需求量不斷增加。

許多林場經營管理的方式，也間接造成了森林的碳儲量不斷減少，目前的森林碳循環已反應了上述情形：德國全國各地皆伐後的跡地，依每公畝的土壤面積上樹種不同，已經釋放了大概五萬噸的二氧化碳到大氣中。法律雖然規定不可以無故大面積皆伐，不過當森林受到樹皮甲蟲的侵害或者是颶風侵襲時，不在此限。於是成千上萬受災的樹木，就被火急火燎的砍伐移除，但森林病死枯死的主因，明明是上一代的主事者想要抄捷徑選用飆長的雲杉與松樹造林，以提供林業廉價大量的木材所致[56]。以人類經濟需求為主的人工林，根本不適合長期固碳，尤其我們現在將人工林視為碳匯，何時清空樹木儲存的碳量，也不是由林務官說了算，反而漸漸任由自然災害隨機決定了。我們一方面想要將森林作為長期的碳庫，另一方面想要密集使用森林資源，兩者完全互相抵觸不可能並存，況且我們聊了這麼久的森林碳循環，其實還只講到半套真相而已。

土壤與森林碳循環

想要真正瞭解森林碳循環的過程，我們不可以忽略森林土壤所扮演的角色，關於土中時時刻刻發生的大小事，我們仍處於研究初期，對其一知半解，無法一窺究竟的階段。不過，只有搞懂了這些過程，通曉碳分子真正走過的旅程，我們才有機會減緩或是調適氣候變遷；畢竟土壤本來就是世界上最大的碳庫，土壤裡儲存的碳量，比地球上所有的植被和大氣中加起來的都還要多。[89]

56 作者指大面積皆伐依舊是違法，因為只有「真正的」病蟲害或自然災害才可以砍伐森林。

森林土壤的情況又相當特別：夏天土壤籠罩於參天大樹的陰影下，像座超大天然冰箱，保持地表溫度涼爽不易升高，因此土壤裡的微生物相對懶洋洋的分解落葉枯枝。微生物動作緩慢，森林地表上當然堆積了愈來愈多的碳元素，形成愈來愈厚的腐植質層，但如果負責水土保持地上部的樹木被砍伐，土壤溫度馬上上升，造成細菌與真菌與土壤裡的所有動物共同合作，以超高速吃光所有珍貴的「褐金」[57]。短短的幾年之間，土壤上層寶貴的腐植質就會完全消失，而我指的消失是：碳分子會再度以二氧化碳的形式，釋放到大氣中。土壤為什麼會加劇氣候變遷，林業經營其實要負最大的責任，我們可以看一看數據，就能夠串起兩者間的關聯。德國經過撫育疏伐的人工林裡，樹木間距寬鬆，腐植質只佔了土壤比例的百分之八，與天然開闊地的比例差不多，例如：草原；但森林生態系功能若是正常，土壤腐植質的平均比例，介於百分之四到百分之十五之間。[90]

澳洲學者克里斯多夫・迪恩（Christopher Dean）的研究團隊，專門研究上述的主題，也揭發了參天大樹固碳的真正實力，老樹一聲不響的固碳，讓碳分子不會進到大氣中，我們卻嚴重忽略它們的默默付出。學術界以前進行土壤碳儲量的研究時，通常都只取樹木間距區的土壤樣本——非常合情合理，因為若是蒐集樹木腳下的土壤當樣本，非常耗時耗力，學者也是人，當然也會偏好簡單舒適的方式進行研究。不過澳洲研究團隊不怕苦，不畏難，辛辛苦苦取了樹木正下方的土壤分析，他們發現了樹圍大

57 作者指枯枝落葉。

約一公尺粗的尤加利樹原始林（Eukalyptusurwald），樹木正下方土壤的碳含量，比樹間空地土壤的碳含量，多了四倍有餘。所以當林業砍伐原始林，改種上人工林時，土壤碳儲量減少的程度，一定比我們目前所推測的還要多更多。[91]

那上述引用的研究，是否也可以套用在別的地區，例如說德國本土的山毛櫸林上嗎？我認為答案是肯定的，畢竟幾百年來，原始林的林下層，保持著永恆的昏暗、沒有強烈的風化作用、沒有大型動物擾動土壤，許多老樹腳下，當然水到渠成，聚集了大量的碳分子。除此之外，參天巨樹的木材內部心材，隨著物換星移，很常受到細菌或真菌透過樹皮表面的傷口，或是枯死的枝枒進入樹木內部擴張後腐朽，這對樹木本身沒有造成任何損害，反而給樹木帶來許多好處。中空的樹幹雖然變得像是煙囪一樣，但是依舊能夠支撐樹冠，原本儲存於心材裡的養分，腐朽分解後等於是樹木自己的堆肥，將養分重行回收到土裡。地表上的腐植質層，含有大量碳分子，而且不會受到風化作用，或是高溫影響再度回到大氣中，森林簡直就像巨型的天然保險庫，將碳分子鎖得死死的。如果我們希望土壤品質有天回到固碳高峰，如果我們希望森林變成人類肆無忌憚排碳、緩衝平衡的碳庫，那我們最需要的就是：古老的森林，不過我相信你們已經知道了……

若我們想要做好森林碳量總收支財務報表，除了二氧化碳排放量和吸存量以外，森林對水循環的影響，還有降溫減低的排碳量，其實也應該全部算進去。不過氣候變遷讓人類憂心忡忡的主因，並不是大氣中二氧化碳濃度的絕對數值，而是全球暖化帶來的極端天氣，以及降雨量分布的變化，森林具有對於上述兩個因子強大的調控力，如果我們將樹木統統送進鋸木廠，對地球氣候景觀會有非常大的影響——而且是苦果立現。我們應該見微知著，伐木跡地的局部氣候暖化，已經預言了全球氣候發展最壞的未來，地球森林面積的擴張與減少，是典型「種什麼因結什麼果」，但這個因果關係，同時也向人類指出一條明路，只要改變管理森林的方式，就能改善或創造樹木理想中的生活環境。

生態服務的價值被低估

我們千萬不能忘記的一點，即使成功復育森林了，森林降溫能力在短期內，也沒辦法恢復，這點從伐木起就必須列入生態系的減損項目裡。另外重達數噸的伐木收穫機，將森林土壤壓得密密實實；每隔二十公尺寬為一區，縱橫交錯碾壓了整片林地，履帶轍距大約三到四公尺寬，收穫機下方土壤的氣孔與微生物，默默忍耐重壓，被永久地摧毀了；總而言之，德國境內的森林土壤，有可能超過百分之五十的比例，已被收穫機破壞殆盡，即使過了幾千年，都沒辦法恢復原本的排水功能。直到今日，我在艾費爾山脈的森林裡，仍然找得到羅馬時期的車轍痕跡；車轍下方的土壤，居然還硬得像是水泥一樣。夯實土壤的排水與蓄水能力大幅降低，冬天降水在土表形成徑流，直接流向山谷裡的小溪河流，造成了洪水氾濫；另一方面，雨水無法慢慢滲透進土裡，讓樹木在夏天時，不能靠暢飲冬藏雨水解渴，長期下來森林降溫作用也大受影響——因為缺水而停止流汗的山毛櫸與橡樹，會停止所有生理活動，等於森林空調也當機了。

局部區域的天氣暖化，夏天溫度升高，部分的原因，可能是大部分的森林土壤已被重機械碾壓，失去了涵養水源的能力。我們必須將森林消失間接產生的負面氣候效應，也算在使用木材的成本上，若我們將森林提供的生態服務，統統標上價格，木材最後會變成所有天然資源中，最不環保的一種——即使木製的產品多麼的讓人愛不釋手。

林業業者當然不同意上述論點，他們想要創造正面的環保形象，即使摧毀森林的兇手就是他們本身。於是二〇二一年的時候，林業大膽提出要求，希望政府將徵收的二氧化碳稅金，其中的百分之五重新分配給林主，畢竟是他們的森林捕捉空氣中的二氧化碳，而且對保護氣候做出了巨大貢獻。[92]

當然年幼的樹木也能固碳，人工林也會淨化水源，但它們能達到的效益，有如杯水車薪，遠遜於原始林真正能發揮的功效。我還是直說吧：林業經營先將森林生態系吸存二氧化碳的能力摧毀，然後想要靠著虛弱不堪的森林申請政府補助？事實上，明明就是不當造林削弱了森林原本的生態功能，讓森林沒辦法使盡全力幫助人類，對抗氣候變遷，所以林主其實應該為此付錢才對。不過，我同意最有希望鼓勵全體人類共同對抗氣候變遷的工具，的確是徵收二氧化碳排放的碳稅，但我建議的收稅方式，與林業政治說客向政府建議的政策大相逕庭。

第8章 請付錢給森林

溫和堅定的改變力量屬於「花粉戰法」——看起來很美麗，執行成效其差無比，而且不會被認真對待。關於這點我已有了數次切身之痛的體驗，我不斷提倡林業應該回到從前，多多使用馬匹拖運木材，例如黑森林馬特別適合運送原木，因為牠們與重機械不同，幾乎不會造成任何森林土壤的傷害，更不用說，當我們把鋼鐵怪物所造成的土壤損失，一起列入成本的話，使用馬匹運送木材，並沒有比使用現代的機械貴多少。不過，就是因為我鼓吹林業人員應該再度把馬匹當成工作夥伴，而被視為浪漫愛做夢的森林唐吉訶德；相反的，伐木收穫機裝有微電腦，靠搖桿全自動化操作，幾乎與智慧手機一樣，則被視為先進而且理性的象徵。

至於碳儲存方面的趨勢發展，與林業機械類似：我們忽略了大自然的固碳能力，只專注在研發新技術之上，其中一個技術叫作（新科技就是要用縮寫）CCS碳捕存——Carbon Capture and Storage。碳捕存用繁複的人工科技，捕捉二氧化碳並儲存下來，以減低大氣層的二氧化碳濃度。伊隆・馬斯克（Elon Musk）二〇二一年時曾向大眾宣布，誰要是發明了最佳的碳捕存技術，將會得到一億美元的獎金[93]。若樹木也有申請資格的話，它們可能會羞答答的舉起樹枝，然後怯生生的說：「我們已在三億年前就發明了碳捕存技術了，這樣算嗎？」

樹木的碳捕存技術

我們來比較一下樹木與現代碳捕存方法的差異，實際上，這個新技術仍處於實驗階段，而且整個方法聽起來有點瘋狂：碳捕存廠啟動捕捉二氧化碳，需要使用大量的能源，所以固定儲存二氧化碳之前，碳捕存廠必須先排出大量的二氧化碳，最後整個系統的總耗能，比什麼都不做，多了百分之四十，這也衍生了下一個問題：捕捉到的二氧化碳要存放到哪裡去呢？

大部分的解決方法都建議「趕碳入地」，將二氧化碳注射到地下岩層之中，但許多科學研究也顯示，打進地底的二氧化碳，只有百分之六十五到八十會持續滯留於岩層之中；其它部分則會再度散逸到地表，而在二氧化碳往上竄升的過程，可能挾帶鹽化的地下水，汙染附近的土壤。[94]實際上地下水層與土壤深處的岩層，都屬於非常脆弱又獨一無二的生態系，我們將二氧化碳打進岩層，對岩石圈的生物有何後果，仍是未知數；更不用說，碳捕存技術成本相當高昂：挪威碳捕存的實驗專案，估計若兩年內透過輸氣管，將二氧化碳送到海平面下方四公里岩層儲存，成本大概每噸要一百歐元。

相對之下，樹木的碳捕存技術，具有低耗能、低成本、低不確定性的優勢，還提供了許多免費的生態服務。山毛櫸、橡樹和其它樹種，平均每年每公畝捕存大約十公噸的二氧化碳，若我們以挪威的專案成本計算，森林每年每公畝能夠創造大概一千歐元的營業額，我在這裡補充一下：傳統的林業財務狀況，一直都是赤字，即使景氣比較好的年頭，每公畝每年營業額甚至不會超過五十歐元。我們不需要壓寶在複雜、具有高度未知風險的碳捕存新技術上，樹木早就發明了環保碳捕存技術——畢竟二氧化碳就是樹木最主要的食物來源。

與樹木攜手合作

或許我的建議聽來太簡單，或者說是太浪漫，但我們若不改變生活方式，繼續加劇氣候變遷，未來的某個時刻，即使最有韌性的本土闊葉樹種，也會枯死凋零，然後將吸存於木材內的溫室氣體再度釋放到大氣中。如果這種情形真的發生，如果我們沒有及時挽救氣候變遷，這也只是人類要面對千千萬萬災難的其中一個——畢竟永凍層融解，還有兩極冰蓋全部融化，造成的後果比森林滅絕嚴重多了。

不，我們不想走到這一步，如果我們將樹木視為共同對抗氣候變遷的夥伴，開始改弦易轍，與樹木一起降低大氣中的二氧化碳濃度，我們很快就會發現，樹木比起人工技術，有非常大的「速度優勢」：只要人類允許，樹木從發芽那刻起，就能不斷的進行碳捕存。那我們該如何快速的增加森林佔地面積呢？我會在後面章節〈你的餐盤裡裝什麼？〉說明。

徵收木材碳稅

我們該如何讓樹木碳捕存的技術遍地開花呢？一個非常有效、簡單、公平和迅速的執行方法，就是隨木材徵收碳稅。二〇二一年開始，石化燃料的碳稅開徵，而且逐年緩步增加[58]。我的第一個建議：使用木材資源因其高碳排量，應該如同木材大量排放溫室氣體的石化親戚一樣，被列入徵收碳稅的範圍。基本上，燃燒木材對氣候產生的危害，甚至比燃燒煤炭還要嚴重，至於收稅的對象，不需要區分木質燃料或是木製品，例如家具或是建材，因為我前面已經提過了，廢棄木料或是木製品，總有一天會被送進火爐燃燒。

這樣一來，徵收木材碳稅的方式就簡單多了：每立方公尺的木材，大概含有一公噸二氧化碳，也應該繳交與煤炭或石油相同金額的碳稅。當然，木材價格一方面會全面上漲，另一方面，高昂的價格卻能夠間接保護森林資源，不被當作便宜的生態燃料，成為煤炭或石油的替代品，丟進發電廠裡燃燒。

---

58 德國立法增高石油天然氣的碳稅，二〇二一年，每噸二十五歐元，二〇二二年，每噸三十歐元，二〇二三年，每噸三十五歐元，二〇二四年，每噸四十五歐元，二〇二五年，每噸五十五歐元。

只有當木材以樹木的形式，活在森林生態系中時，才能對於改善地球大氣層的溫室氣體濃度，發揮最大貢獻，所以我的第二個建議：所有的林主，只要任其所屬森林自然演替，放棄砍伐木材獲利，保留森林不進行任何撫育，就應該得到政府的獎勵金。

我們來假設一下，如果政府真的願意施行我前面提到的兩種方法，那林業以及森林生態會變成什麼樣子呢？

木製品基本上不會因碳稅受到太大影響，畢竟木製品的成本結構，加工成本佔了大部分，原料只佔了非常小的一塊。除此之外，徵收木材碳稅，反而能刺激木材回收利用率——因為廢棄木材已經付過碳稅了，價格會比新的木材原料便宜。不過突然加徵木材碳稅，可能對使用木材取暖的家庭產生比較大的衝擊，例如每公噸木材，被加徵了五十五歐元的碳稅，暖爐柴薪依不同的品質等級，大概平均會比今日的柴薪價格貴了一倍左右，木材比起使用其它燃料暖氣鍋爐的價格優勢，也因此被大幅抵銷。說實話，誰要是能夠負擔，在皚皚白雪的冬日生起壁爐，偎著冉冉爐火享受一杯葡萄酒，應該也願意接受，在享受溫暖原始氛圍的同時，承擔更高的價錢，為保護氣候盡一份力吧；除此之外，透天厝的屋主，也不會想把家裡的暖氣鍋爐改以燃燒樹木為主的款式，因為木材價格會因為徵稅一飛沖天。

徵收碳稅對於大城市附近的綠帶，有可能立刻帶來許多正面效應。樹木的生物量，突然變成奇貨可居，所以還會有林主想要將枯死、病死的針葉樹人工林，馬不停蹄的砍伐清除嗎？木材市場正面臨枯立木供給過剩的現象，鋸木廠的倉庫都滿出來快裝不下了。若我們徵收碳稅，對林主來說，他們馬上可以過上「人在家中坐，錢從天上來」的日子，木材原料過剩的問題，便輕輕鬆鬆迎刃而解，林地上每立方公尺的材積，可以申請大約五十五歐元的補助；而且隨著徵收時間愈來愈久，例如瑞典現在對企業徵收的碳稅，已高達每公噸一百歐元，所以林主得到的補助獎勵，未來可能會愈來愈高，在德國甚至已有些工廠企業要求政府開徵同樣高額的碳稅。[95]

最應該支持隨木材徵收碳稅的，其實是擁有森林的林主團體，因為森林其它生態功能，未來若被列入分配碳稅政策的考量，他們可能獲得的補助獎金只會愈來愈高。畢竟石化燃料與森林相比，被儲存於地底時，並不能替地球降溫或者增加降雨，像是被鎖在地底深處的無用寶藏。森林就不同了，目前氣候變遷相關的討論中，都只把其視為碳匯，但已經有愈來愈多的科學家提出證據，顯示森林對水循環的影響，比目前學術界普遍的認知，還要更為廣泛深遠。[96]

大眾還常常忽略了，森林也是成千上萬未被鑑定物種的家，當我們利用木材資源時，同時也摧毀了牠們賴以為生的棲地，政府官員制定政策的同時，未曾將這點列入考慮之中，對此我常常痛心疾首，為這些無辜的生命倍感扼腕嘆息。

再回到隨木材徵收碳稅的主題，我相信碳稅會是最有效的手段，促使全球共同朝減緩氣候變遷的目標前進。但事情真的像我想的這麼簡單嗎？難道補助頒發二氧化碳獎勵金，不會造成反效果，反而創造了新的官僚主義與文書工作嗎？不一定，我建議執行規範，並不需要斤斤計較木材材積，不需要區分林地上種的是闊葉樹種，還是針葉樹樹種，德國境內每位林主，都可以依面積領到林地獎勵金，這樣是不是簡單明瞭又容易執行呢？當然啦，這套規範對擁有根深葉茂森林的林主有點不公平，但規則就是要簡單容易執行，不然的話就會帶來負面影響：造成很多法律漏洞。反過來說，林主要是砍伐立木，降低了碳匯的碳儲量，則必須向政府繳交費用，到底如何申請補助、繳交、稽查種種費用，我們可以靠最新的衛星遙測影像判定。

使用者請支付一千五百億

我堅信，徵收碳稅會讓森林保護進展一日千里，而且每公畝區區幾十歐元的獎勵金，與森林的真正經濟價值相比，如同冰山一角，至於森林的市值會是多少，波士頓顧問公司（世界最大管理顧問公司之一）試著做出一些估算，根據他們的計算，木材經濟價值只佔了森林資產的一小部分，但森林替氣候保護提供了大量的生態服務，卻是價值連城。如果我們將世界上森林提供的生態服務，都用人類的科技替代，所有相關產業的產值，應該至少有一千五百億美元，補充一下：全世界大型股份公司的資產加起來，市值大概也差不多只有八百七十億美元左右而已。[97]

不管怎麼說，為了減緩氣候變遷，林業規模必須縮小，減少使用木材資源，已經箭在弦上，不得不發。但林業還沒有放棄繼續大量使用森林資源，當全世界正遭受疫情衝擊時，林業公關又發揮創意，編出了新的傳說：衛生紙。

第9章 使用衛生紙就不能反對伐木嗎？

「到底木材要從哪裡來呢？」我已經非常厭煩被問到這個問題，幾乎到不堪其擾的程度了。每次我與大家討論保護森林的相關話題時，都會被民眾質問：若我們在未來為了減緩對森林生態的衝擊，減少木材砍伐量，設立更多森林保護區，德國國產木材產量減少，供給一旦出現瓶頸，理所當然的後果是：必須提高木材進口量，而且木材很有可能來自違法濫伐的地區。為了避免各國以鄰為壑，只砍別人家的木材，或許德國政府應該反其道而行，限定只能使用國內經由良好訓練的林務官經營生產的優良人工林木材；另外還要禁止設立新的森林保護區，才是上策。不過，你們到林中散步時，也親眼目睹了即使德國本土木材，很多都是來自飽受虐待的人工林，不但與環境保護、自然生態完全扯不上邊，反而不斷上演了「人類擴張森林遭殃」的戲碼。

隨著世界經濟不斷增長，只有砍倒更多的樹木，才能滿足不斷飆升的木材需求，至於德國在過去幾十年內伐木量劇增，罪魁禍首卻是林業政策。林業主管機關（也負責販賣木材）與德國聯邦農業部，過去制定種種政策的走向，都在不斷鼓勵大眾，多多使用森林資源。二〇一二年之際，林業主管機關甚至非常驕傲的向媒體公布，德國每人每年的木材消耗量，自一九九七年起，已經增加百分之二十，到達了每人每年一點三立方公尺，[98]總量大約是一億零八百萬立方公尺的材積。比較不同的數據來源，我估計德國真正的木材需求，應該遠超過這個數字，到達一億兩千萬到一億五千萬立方公尺的材積。正確的數字我們永遠無法得知，因為私人林地砍伐的幾百萬立方公尺木材材積，並沒有包括在這個統計數字裡面，另外林產工業[59]的原料供應鏈非常複雜，有時木材來源可能來自進口，或是出口到別的地區，有時來自於廢棄木料，或是壓成木顆粒燃料發電，或是紙類回收。儘管木材來源混亂不清，無庸置疑的事實是，德國木材的需求量，比處於連年乾旱期間本土森林所能生長的材積，還多了兩倍左右。目前森林裡到底生長了多少材積，還必須仔細調查，才能夠得到粗略的總材積量——依我推測，一定比森林經營計畫預估推測的材積，還要少非常多。於是我們陷入了左右為難的困境之中：一方面樹木生長材積減少，另一方砍伐量卻維持不變，這樣的狀況在非常短的時間內，已經造成許多森林生態系全面崩壞的慘況。

然而，依法專責保護森林的林業主管機關，居然以自己造成的木材資源短缺為由，阻止森林保護區的設立。以下是我最常聽到的神奇說法：當德國保護自己的古老山毛櫸林時，就必須從國外進口木材，例如說來自熱帶原始雨林，所以德國成立森林

---

59 林產工業是指以森林資源加工為主的林業第二產業，主要包括林紙、林板、家具製品以及森林食品等產品。

保護區，阻礙了別的國家設立森林保護區？不，真正的情況是完全相反：全世界公認的森林經營領頭羊德國林業大肆宣稱，人工經營森林，不但能夠生產木材，還能兼顧生態保育，設立森林保護區完全是多此一舉，等於是德國林業向全世界做了最壞的示範，造成了其它國家群其效尤，羅馬尼亞的森林保育所面臨的危機，便由此而來。看看德國林業就知道，他們的林務官早就證明了，避難所[60]之外的樹木，其實也能過得很好，我們真的需要成立森林保護區嗎？但隨著時間演變，林業門外漢也漸漸發現了，森林因長期伐木，健康狀況愈來愈糟，林業界雇用的公關專家，思量著如何反敗為勝，於是拿出一張讓人無話可說的底牌：廁所衛生紙。

自從新冠疫情發生之後，衛生紙就像是現代文明的阿基里斯腱[61]——我為什麼會這麼想，來自於我看到民眾自從二〇二〇年年初，面對新冠疫情來襲，恐慌的搶購衛生紙，造成了不理性的衛生紙缺貨危機。衛生紙原料大部分來自於雲杉、松樹或是尤加利樹人工林的木材纖維加工製成，其實樺樹與山毛櫸的纖維，也適用於製造衛生紙；整個生產過程最重要的步驟：必須砍倒樹木並對其進行加工。於是森林相關產業就大肆宣傳，如果保護森林的話，我們就沒有衛生紙可以用了。一旦民眾恐懼本能被激發後，若要他們在衛生紙與森林保護兩者之間做選擇，大家很可能立刻繞過理智，

60 作者指森林保護區。
61 阿基里斯是希臘神話中的人物，一出生時女神母親便將他的腳踝放入冥河浸泡，但由於抓住的腳踝部位沒有沾水，遂成為了日後的弱點。解剖學將人體腳踝位置的肌腱（即阿基里斯最後被射中的位置）命名為阿基里斯腱。也指某人或某事物的罩門關鍵所在。

馬上站到衛生紙這一邊。

不過我們若是把衛生紙換成木製的建材、家具或書本（喔，我躺著也中槍了），那大眾的選擇其實已經在告訴我們：民眾已經相信，若只顧著森林保育，人類的文明社會就有可能受到威脅。外加許多從事林業相關產業的林務官、巡山員、技工、林業主管機關拚命搧風點火濫用人類的恐懼本能，使得我們規避理智、繞過邏輯，誤信保護森林，可能面臨生存風險之虞。林業相關產業無所不用其極，墨守成規的堅持傳統林業，但林業主管機關對人工林商業模式的偏愛，卻忽略了短期或是中長期後，木材材積急遽減少的必然現象。目前大面積枯死的人工林，被大量砍伐送到木材市場上賤賣，只是曇花一現的短期榮景，荒蕪如沙漠般的皆伐跡地，至少需要幾十年，才能再度生產新的材積，然而德國超過百分之五十的森林，都屬於針葉樹人工林，可想而知，接下來的五到十年之間，非天然的人工林，有可能陸陸續續受到天災或病蟲害，枯死病死，販售損害枯立木榮景的下一章，就是木材資源稀缺的慘況——木材資源有天會非常難以取得，變得物以稀為貴。不過，若是我們今天就下定決心，做出改變，任由森林自然演替，形成生態穩定的次生林——長期來說對林業業者，也只有好處沒有壞處。

毫無疑問的，人類的未來一定會繼續使用木材，而且木材算是自然資源之中，最天然的一種。大部分的人想要相信，使用森林資源，對自然生態衝擊輕微，雖然過去可能曾經如此，但現在卻不能同日而語了。第一，木材的數量已經不像以前豐富，足以應付人類社會對森林資源無止境的需求，這一點在我們購買家具、紙張或其它木製品時，一定要謹記在心，並且要節約使用木材資源。第二點，未來必須從完全不同的角度，規畫管理森林資源。傳統林業總是不斷的迫使森林迎合人類經濟發展，很不幸的，這個管理方式已經行不通了。我們管理森林時，應該試著從另一個角度思考：天然森林到底能夠犧牲多少木材材積，提供人類開發利用？人類對森林干擾強度的臨界點在哪裡？我們在不影響森林生態系的健康之下，到底可以砍伐多少棵樹木？

失效的管理依據

這些問題的答案，我現在就可以告訴大家：我們其實一點頭緒都沒有。但目前的電腦模型，都堂而皇之的預測森林材積。專業的林務官通常使用法正林收穫表（Ertragstafeln）為依據，法正林表示資料是來自狀態最佳、不同地區樹種人工林的測量結果，學者以這些數據建立了資料庫，讓林地地主參考，看看自己林地的雲杉、松樹或是闊葉樹種，每年每畝森林最理想的材積收穫潛力。

林主以前使用法正林收穫表，配合自己林地測量的數據，就能夠粗略估算每年的材積產量。但到了千禧年左右，林主突然發現，自家森林生產的材積，大部分都比經營計畫的預測，多了百分之十到三十，樹木額外生長材積，是拜人類交通運輸排出的廢氣，以及農業生產大量使用氮肥所賜。以上兩種活動，產生了大量的氮化物，等於在森林中施了大量肥料，直到今天，不當施肥對森林的汙染，沒有改善反而日漸嚴重。什麼，森林生長加速算是傷害？沒錯，樹木天生就是慢郎中，喜歡從容不迫慢慢生長，才能恰如其分的分配能量，一部分派給樹幹、樹枝與樹葉用於生長；一部分保留起來，要是碰到病蟲害攻擊，才有能量防禦；或是提撥一部分，給土壤裡的替樹木跑腿送信的真菌或細菌當報酬。

基本上，每年每平方公里樹林平均過濾空氣總量，大約形成了約五十公克左右的氮化合物，氮化合物只是樹木生理作用的副產品，只會造成非常微量的施肥效應；但人類的經濟活動，卻使得樹木合成的氮化合物總量，增加到五千公克，沒錯，足足增加了一百倍。[99]

氮化合物對樹木來說，就像打了禁藥的運動員，造成樹木生長突飛猛進，超過生理的限制。過去幾年來，伐木材積的預測也因此必須不斷調整，每年木材市場販賣的材積不斷的增加，但好景不長——森林快要過勞死了。如果氮化合物的濃度繼續增加，樹木的生長反而會開始減緩，因為能量平衡崩壞後，它生理機制的警鈴大作，緊急剎車減緩生長了。[100]

隨著人類交通活動產生的氮濃度漸漸降低，農業生產的氮素卻愈來愈多——特別是糞肥、還有畜牧業動物產生的溫室氣體，飄散於自然景觀之中。大氣中空氣不斷循環，含氮氣體也飄到了森林，對樹木提供大量曾經是珍品的氮肥，造成了樹木生長模式改變，也重塑了地表的植被。蕁麻（Brennesseln）、西洋接骨木（Schwarzer Holunder）與懸鉤子布滿林下層，像在為源源不絕的氮肥狂歡——其它不喜歡高濃度氮肥的多樣性生物，以及樹木的後代[62]卻要為此付出慘痛代價。

森林土壤優養化，以及氣候變遷帶來後續效應，讓林主很快發現，法正林收穫表已經沒有參考價值了，全球暖化以及隨之而來的持續乾旱，讓樹木生長速度持續減緩，最後超越了樹木的生理極限，它們停止生長了。

樹木應付熱浪和乾旱的獨門武器，就是關閉葉背的氣孔，或者是拋下樹葉。這兩種情況若是發生了，樹木都無法正常進行光合作用，所以木材的材積當然不可能繼續增加，我直截了當這樣說好了：即便森林現在生機勃勃，所有生態功能一切正常，我們也不能肯定，未來森林能夠增加多少材積。此時此刻，誰要是提倡繼續提高木材需求，完全是非常不負責任，而且不顧生態環境的作法。

科技的替代方案

那我們可以繼續使用衛生紙嗎？人類文明其實已經提供了解決之道，除了改成購買再生紙製造的衛生紙之外，市面上早就有高科技的免治馬桶，能夠沖水還有內建烘乾機，不需要用到一張衛生紙。我必須承認，我還沒用過這種高科技智能馬桶，但若有一天森林資源缺乏，並不是每個人都用得起紙張的時刻到來，我願意改用免治馬桶，將木材資源留給書本印刷使用。

62 含氮量的小樹苗可口美味，容易被草食性動物啃食。

但傳統林業經營還是沒有放棄固有的商業模式。如果大自然沒有足夠的樹木滿足人類需求，那我們只要撒大錢提供資金，問題應該就能迎刃而解了吧。畢竟以前林業碰到難題時，最後都靠政府編列預算解決了，林業主管機關只要將補助加碼，山林復育一定就會成效立見，德國的林務單位已經編列了高額預算，磨刀霍霍想要扶持林業，準備拯救森林了。

第10章 更多的補助，更少的森林

大面積森林滅絕已經發生過兩次了。第一次在一九八〇年代，酸雨嚴重威脅到了地球的綠色之肺，那時我曾經惶惶不安。一九八三年，我還是森林系預備實習的學生，非常煩惱要是讀完森林系，會不會馬上就失業了。那時候，電視上不斷播放一片死氣沉沉、灰褐色階為主的紀錄片，呈現了如沙漠般荒蕪的皆伐跡地，這場危機一直持續到二〇〇〇年，歐洲森林滅絕的情況才漸漸減緩。接下來，如好萊塢電影般的森林災難片並沒有上演，而是截然相反，令全球震驚的科學報告，引發了政治大海嘯。政府迅速制定了新政策，規定工業廢氣必須去硫化，規定所有汽車必須裝上淨化器，森林終於可以鬆口氣了。科學家消滅酸雨的成功環保案例，已經漸漸被大家遺忘，所以我們應該提醒民眾，當樹木的生存受到威脅時，我們有能力改變，也能替下一代創造更好的未來。

至於第二次森林滅絕，則發生於二〇一八年。數千萬平方公尺的雲杉人工林，針葉紛紛飄落，敏銳的媒體馬上想出森林滅絕2.0版的新名詞，來形容目前遇到的森林危機。與二十世紀第一次森林滅絕不同，這次森林枯死病死的速度太快，大眾想不看到也難，但為什麼這次的森林悲歌會讓民眾感受特別深呢？林業跟上次一樣，也是十萬火急造林，拚命掩蓋雲杉林東一塊西一塊的枯死病死問題，但這一次捅的婁子太大了，任何補救措施都只是杯水車薪，緩不濟急。

不過，我們還是照事情發生順序慢慢聊起：第一次森林滅絕時，不只森林生態系元氣大傷，森林相關產業也蒙受了鉅額損失。那時工廠與所有的交通工具，不斷排出廢氣汙染空氣，形成酸雨灼傷了樹葉或針葉。為了搶救森林，政府拚命種植人工林，用重機械清除枯立木，也無濟於事。除此之外，酸雨落到土裡，溶解了土中能夠儲存、結合礦物質養分的黏土顆粒，土壤結構受到嚴重破壞；以人類目前的科技知識，完全難以彌補土壤退化的損失。負責保護森林的林務官，其良好形象在這場災難中倖存；但大眾卻沒注意到，林務官就是造成這場悲劇的最主要推手。

第二次的森林滅絕，發生在不同的時空背景之下。唯一的相似之處是，威脅都來自生態系統外部，也就是跨區域的環境變化；而最明顯的不同點是，這一次人工林受到的損害特別嚴重，特別是那些以外來樹種為主的雲杉、松樹人工林，相較之下，本土山毛櫸與橡樹的確也受到影響，但只發生在那些常常疏伐（或者說濫砍濫伐的森林）的森林裡，而健康、生機勃勃的大面積闊葉林區，卻沒受到多大損害，依舊枝繁葉茂。

我們比較兩種不同的林相後，便能看出慣行林業的管理模式，大幅削弱了森林的生態功能，氣候變遷僅僅是將早已不穩定的生態系逼到了瓦解邊緣。即使林業相關業者，自動自發發起了迷你社會運動「Foresters4Future」（林務官拯救未來），我認為這只不過是厚顏無恥，抄襲年青學子所提倡「Fridays-for-Future」（星期五拯救未來）的山寨版。造成森林危機的林業，逼得德國山林拉起了災害警報，現在居然作賊的喊抓賊，希望透過社會運動，激起民眾挽救森林的憐憫之心，真是荒謬至極。

但我們若靜下心來想一想，接二連三死亡的不是森林，是一棵棵的樹木。森林生態系依舊健在，就像是特羅伊恩布里岑地區發生森林大火後，已證明了「土地公比人會種樹」。沒有人為干擾的火燒跡地，森林依然健在，潤物細無聲的演替復育，點點綠意已從荒地上冒出頭來；至於受到人為清理的林地，土壤不但被烈日左烘右烤，還常常遭受重機械碾壓，已經硬得跟水泥一樣。只有當土表裸露，沒有任何腐植質覆蓋時，森林才真正死去。現在，政府機關準備大撒錢，補助受到祝融之害、清理林地沒留下一棵樹的林主，等於變相肯定了，造成森林滅絕的主事者沒有經營不善之過。既然政府也認定，只有靠林務單位的扶持，山林才能復育，恢復舊貌；就等於向全國民眾宣告，政府看不到也不想知道，除了花大錢以外，保護森林還有沒有其它的可行之道。

儘管如此，大眾心中還是藏著如是的大哉問：面對如此嚴峻的挑戰，我們到底該從何處著手復育強健又堅韌的森林呢？

德國聯邦政府為了解決這個問題，光是二〇二〇年，就撥了超過五億歐元預算。[101]林業仍然宣稱，這不過是滄海一粟，他們需要更多經費，以解決林業目前面臨的危機，但森林真的需要這麼多經費嗎？或是政府撥列的補助經費，其實是壓垮駱駝的最後一根稻草呢？聯邦政府的預算，限於專款專用，只著重在獎勵造林，也就是說：只有創造新的人工林，才能拿到補助。以特羅伊恩布里岑森林大火為例，人工林根本無法獲利，民眾繳交的稅金，會如同肉包子打狗，有去無回。不，林業業者會馬上抗議，人工林的生態系非常脆弱，沒有這幾億歐元，沒有人類的插手，可能會全盤崩解。但森林生態系之所以搖搖欲墜，失去平衡，明明是林業固執僵化的經營方式，明明是林業堅持以木材生產為主軸，才使得大量樹木加速枯死病死。

以我個人的看法，補助造林的政策，不一定是為了森林的福祉，林務單位身為共犯，無所不用其極爭取補助，不是為了從根本解決問題，而是為了遮羞——但只要看一眼樹木大量死亡的數據，或是森林滅絕的面積大小，馬上就會發現，這是不可能的任務。從心理層面來說，林業也不是試著隱瞞自己的管理不當，他們單單只是無法接受，伴隨失敗而來的罪惡感。畢竟誰會想要親眼見證，自己一生的心血大面積枯死，或者受到昆蟲危害病死呢？一九九〇年代，多個溫帶氣旋侵襲德國，將幾千平方公里面積的樹木統統連根拔起，改變了幾十年來的地貌後，那時我有些同行的同事，甚至因此自願提早退休。當初被摧毀的森林，大都是針葉人工林，林務單位那時的應對方式，也是快速移除倒伏的樹木，馬上重新造林粉飾太平。

人類向來都在理性與感性之間掙扎，林業人員對森林滅絕危機的回應是：眼不見為淨，即使這種處理方式對整件事情都沒有任何實質的幫助。說句公道話，森林主管機關並不是想以謊言搽脂抹粉處理危機，而是人類內心深處的原始本能，常常忍不住想要移除、減緩顯而易見的缺陷或問題。我們都知道，人類難以將大自然復舊如初，官方的人為干預，僅僅是大規模的修補實驗，目前政策的偏向：統統打掉重練，原地創建新的森林。這也是為什麼林業主管機關正在尋找適合造林的超級樹種，打算種在大面積皆伐跡地之上。畢竟，按照人類社會的定義，重新造林後，就算是快速解決森林危機了。

問題是：拯救被徹底摧毀的森林，需要非常多的經費，喔不，要用官方說法：大規模清理林地，重新造林花費甚鉅。大面積枯死的雲杉原木，幾乎沒有鋸木廠想要購買，因為真菌與昆蟲已在樹幹內部滋生蔓延，造成心材變色以及許多坑坑洞洞。誰想要買以嚴重腐朽的原木加工，製造出來的木板、家具，或是屋頂的橫梁呢？所以原木價格直直落，完全是意料之中的事。與其相反的，卻是原木伐採、加工、運輸的價格不斷上漲，佔木製品總成本的比例也愈來愈高。

每根從森林砍伐運出的原木，就是森林經營管理失敗最好的「見證樹」。樹木若是還能好好的活在森林裡，就能繼續提供數以萬計微生物適合的棲身之所，能夠涵養水源，並替森林四周環境降溫；隨著幾十年過去，樹木可能會被分解成腐植質，最後增加森林土壤的養分。然而，當權者制定政策時，過去從未考慮，森林提供給人類社會的生態服務，很可惜的是，直到今天還是沒有想過，不然德國政府怎麼會無知到，讓清理枯立木（這是政府給樹木辛辛苦苦長出來，珍貴無比生物量的正式名稱）補助預算通過呢？

受災原木拉低市場價格

現在我們離開森林，走進林業的工廠辦公室看看，大量被砍伐的枯立木，到底造成了什麼的苦果。普通的年頭裡，德國木材市場上，每年大約交易兩千八百萬立方公尺的雲杉原木，[102]木材需求也相當強勁，販售後林農仍有不錯的利潤；若我們減去採集立木的成本後，大概每立方公尺可以賺六十歐元的利潤。對鋸木廠來說，原木最重要的就是新鮮，特別是在夏天，因為原木經過幾週後，會受到真菌或細菌腐朽，造成品質劣化，賣不了好價錢。

根據官方統計，從二〇一八到二〇二〇這三年，德國總共伐採了一億七千八百萬立方公尺的病死木、枯立木，其中大都是受到真菌或是樹皮甲蟲危害的雲杉。依正常的供需法則，木材價格當然斷頭式下跌，長期於低點盤旋，有些林主扣掉採集原木的成本後，居然還要倒貼，才有買家願意將堆在林地上的原木運走加工。碰到經營危機的林主，第一個反應就是立刻向政府要求補助，不然活不下去，政府從善如流，馬上編列大量預算補助受到池魚之殃的林主，依不同的聯邦州不同縣市，每立方公尺的木材，最多可以得到三十歐元的補助。[103]——光憑政府的補助金，差不多可以支付伐木工人、砍伐立木、運輸原木所有成本，因此政府的好心幫忙，反而刺激了林主，將森林中寶貴的生物量大批大批運出山林，不顧木材市場原本需求早就飽和，也使原木價格更往下跌。

不過官方的補助，無心之中還造成了另一個荒謬至極的副作用：中國買家突然注意到，德國木材市場上，充斥著筆直粗大的原木，而且正在跳樓大拍賣——當然要趕緊下手！所以德國港口成千上萬的貨櫃，突然裝滿了便宜的原木，駛向遠東地區。我則是在跟卑詩省威懷凱原住民（Kwiakah First Nation）保留區行政人員法蘭克・佛爾克（Frank Voelker）通電話的時候，才領悟德國枯立木清除作業對全球林業的影響。法蘭克告訴我，加拿大原住民保留區，已經好幾個月沒聽到電鋸引擎的聲音了，因為加拿大的伐木公司無法與破壞市場行情的德國原木價格競爭。不過這樣一來，太平洋沿岸的海岸森林則因禍得福，可以好好休生養息了。

其實大部分的政府補助並沒有直接用於砍伐受到樹皮甲蟲危害的病木之上。雖然政府指定專款專用，只補助重新造林，但林主申請時，不必經過嚴格核實，證明款項用途，一次就能輕輕鬆鬆領完所有補助。每平方公里的林地，大概可以領到一萬歐元的補助，有些聯邦州的金額甚至更高——林業現在搞得要靠政府補助才能苟延殘喘，補助愈多，林業體質卻每下愈況。看來，林業真的已經變得跟慣行農業沒什麼兩樣，必須寄生政府了。[104]

林業強而有力的政治團體，德國林主互助協會（AGDW, Arbeitsgemeinschaft Deutscher Waldbesitzerverbände）[105]非常成功的利用說客，引導當時的農業部長科樂克能女士，讓政府亂撒鈔票發錢給林主。互助協會的主席漢斯—喬治・馮・馬爾威茲（Hans-Georg von der Marwitz），也是德國聯邦議會（Bundestagsabgeordneter）德國基督教民主聯盟（ＣＤＵ）的議員，在監督聯邦議會議員網站abgeordnetenwatch.de，榮登議員非主業收入排行榜第二名。[106]立場保守傳統的ＡＧＤＷ，牢牢捍衛以人工林為主的林業政策，而且過去也從來不忌諱，與許多農業團體一起干預「禁止使用殺蟲劑」的議會提案。[107]

AGDW屬於地方民間團體，會員不只有私人民眾，連地方的森林主管機關也是會員之一。所以我們可以說，地方的森林主管機關，透過私人團體組織，在檯面下間接影響了德國聯邦政府預算補助流向，而有權分配預算的德國聯邦農業部，又將分配預算的責任發包給另一個民間團體——名叫「再生資源專業代辦所」（Fachagentur Nachwachsende Rohstoffe）的組織。鼓勵成立上述團體的推手，繞回來還是德國聯邦政府，在一九九三年的時候，成立了再生資源專業代辦所，委託其分配補助款，處理種種行政事宜。除此以外，代辦所也承接了研究再生資源的標案，也就是說專門蒐集以木材作為燃料的相關資料。[108]我補充一些辛辣的爆料：關於燃燒樹木發電或取暖，對氣候保護百害無一利的事實，再生資源專業代辦所對此完全保持沉默；但代辦所時時刻刻都不斷強調，木質能源碳中性的好處[109]——至於他們捍衛的立場，與大多數科學家意見南轅北轍的情況，卻一字不提。

再生資源專業代辦所的主要成員，說了這麼多，你們應該已經不會再感到意外了，當然是由德國聯邦農業部的皇親國戚、林產工業、林業、以及其它官方的附屬機構組成。[110]簡單的總結一下：整個上下交相賊的結構裡，已經變成有點像自助餐，想吃什麼拿什麼了。第一步，創造需求；第二步，獲得多數人的支持；第三步，共同研究如何分配補助款；最後一步，把政府口袋裡的錢，搬到自己的口袋——一切都以謀求成員福祉為目的。

至於沒有雇用任何政治說客的「青山綠水」，在受到政府高額補助款的關照之下，並沒有得到任何實質的益處，因為取得補助款的規定非常寬鬆，而且沒有任何與環保相關的責任義務。舉個例子來說，沒有什麼附加條件，對自然生態毫無助益的森林驗證認可計畫（PEFC）標章就是如此。這個標章不僅沒有任何法律效力，林主也不需要付出什麼成本，沒有特別要承擔的環保責任，就可以輕鬆獲得[63]。[111]所以我一點都不訝異，德國大部分的林業相關組織，統統輕輕鬆鬆披上了自然生態的外衣，藉此領到了政府的補貼。政府發放補助款使用的名稱，從來都不是重點，補助款可能是「永續經營獎勵金」，或是金融海嘯時，政府編列預算獎勵買新車，獎勵裝修老房子；[112]重點是一定要想盡辦法，避免德國聯邦議會的監督，逃避與反對黨議員辯論或衝突。不然我們要怎麼解釋，造林獎助方案，居然與地方農產品—學校計畫法案（Landwirtschaftserzeugnisse-Schulprogrammgesetz）綁在一起，包在法案的附加條款內，在議會綑綁通過了。[113]這個又臭又長的法案，主要是規範地方政府如何分配水果蔬菜給各級學校，法案審查的時間點，被排在深夜時段，所以那時只有兩位德國綠黨的議員，還有一位自由民主黨（FDP）的議員，對莫名其妙加到法案裡的造林獎勵條款，進行諮詢表達過口頭抗議。

63 一般認為PEFC是林業公司，與森林管理委員會（FSC）的經營系統相似，其實不然，PEFC主要是由林業公司所組成，認證過程不公開，不支援森林管理層級的認證過程，不是第三方獨立團體進行認證，此外沒有平均與平衡的共管機制。

高強度伐木的危害

我想要在這裡導正視聽：我舉雙手雙腳贊成，林主應該從政府方面得到資金援助。但我們應該避免大量補助農業的不良作法，補助款發出去了，卻不要求農夫或農場遵守相關的環保規範。我們該做的，是多多補助維持生態系穩定、永續經營的農林業業者。只有以保護自然生態為經營宗旨的業者，才真的對我們共同生活的地球有所貢獻。

而且即使沒有政府「好心辦壞事」的補助，森林還是有許多大大小小的難關要過。各級地方政府的財政預算裡，從古至今，認定「森林」資源必須開發利用，地方政府可是等著販賣林產品的獲利上繳公庫，才有錢發放公務人員的薪資，「公有養樹場」最好能夠年年營收創新高，讓公庫年年大豐收。

但若我們想要將農業的經營模式套用在林業之上，是完全行不通的。與農作物相較，森林常常發生很多自然災害，像是樹皮甲蟲，或是溫帶氣旋肆虐。木材市場價格也因此上上下下，波動幅度非常大，具有高度不確定性。天災後若有很多枯立木，大量砍伐後流入市場，許多地方政府的收入也會跟著大減，雲杉或松樹的人工林，最常碰到天災人禍的合擊，受災後大量砍伐的原木，常常找不到買家。這時負責經營「公有養樹場」的林務官，便馬上發揮急智：既然受災原木沒人要，那就調出重機械，開到全球暖化下依舊綠意成蔭的古老闊葉林伐木，拿出壓箱寶增加收入，畢竟木材市場上，只剩下亭亭華蓋、蒼翠挺拔的橡樹與山毛櫸，還能賣到好價錢。木材賤價造成的蝴蝶效應：生態系穩定的古老森林，必須承受更高強度的伐木，莫名其妙遭受了滅頂之災。

現在古老森林經過疏伐後，那些幸運留存下來的老樹，突然之間，天天得面對豔陽曝曬的烘烤。現在，林冠層到處是破洞，陽光可以直接照射到巨木的樹幹與根部，眾人皆知，山毛櫸屬於敏感肌，樹皮平滑特別脆弱，非常容易曬傷，時間一久，樹皮撐不住裂開，露出了內部可口美味的木質部，真菌與細菌當然立刻長驅直入，趕集似的衝進去大吃一頓，過不了幾年，木本巨人最終因體力不支死去。闊葉林裡樹木接二連三死去，就像是悶燒的野火一樣，不斷蔓延遍布了整片山林；同一時期，人工林裡的樹木大量枯死，但是兩種森林的死因，卻是截然不同：人工林裡的樹木死於夏天的極端氣候，而天然闊葉林裡的樹木卻是死在電鋸之下。這也是為什麼我會大力提倡，全面禁止德國全境的天然闊葉林裡，以任何藉口砍伐那些生機勃勃的樹木。

然而，有些學術界的權威人士，卻還在嘗試用非常骯髒的手法，阻止設立更多的森林保護區。

第11章 學術倫理的墮落

我的兒子托比亞斯，坐在森林學院的辦公室裡，氣得面紅耳赤，他辦公桌背景是一片山高樹茂的山毛櫸林照片，辦公桌上螢幕正顯示著，馬克斯－普朗克生物化學研究所（Max-Planck-Institut für Biogeochemie）最新的科學文獻。[114]這個研究機構是德國的學術泰斗，非常權威，如同以他命名的學者一般[64]。我以前就常常引用這間非常受人敬重的研究機構發表的學術論文，例如許多關於植物碳吸存的最新研究結果。不過這一次，我卻覺得他們的數據大有問題，或者應該說：整篇學術論文都有問題。這篇學術論文的作者是位已退休的教授，厄斯特－第特列夫．蕭茲（Ernst-Detlef Schulze），他再次為了前雇主馬克斯－普朗克研究機構捉刀，除了他，還有其它共同作者。其中

64 馬克斯．普朗克的前身是威廉皇帝學會，成立於一九一一年；一九四七年為了紀念前一年過世的前會長，量子物理學家馬克斯．普朗克而更名。

一位，便是我前面提到過的海爾曼．斯卑爾曼教授，在我寫這本書的時間點（二〇二〇年二月），他也是德國聯邦農業部所屬林業政策學術委員會的主席。上述這兩間學術性質的機構，對德國聯邦政府的林業政策，可說是具有「喊水會結凍」的影響力。

我濃縮一下這篇學術論文重點，替大家做成懶人包：這篇論文強調，為了保護氣候，我們應該多多砍伐森林，並將樹木當成燃料送去燃燒發電；多多利用森林資源，比什麼都不做（例如設立森林保護區）還能夠減緩全球暖化。林業政策學術委員也幫忙護航，發表了類似結論的調查報告。[115]拜託，我們是突然來到森林的多重宇宙嗎？想想亞馬遜雨林的影響力，並不只限於南美洲，而是擴及了整個地球；想想艾伯斯瓦得科技應用大學的研究，以長期調查地表溫度，證明了古老闊葉林強大的降溫效應。二〇〇八年時，知名科學期刊《自然》（*Nature*）上，蕭茲先生曾經與其它作者共同發表了一份多次被引用的研究報告，強調森林具有非常高的潛力，作為碳匯吸存大量的二氧化碳，[116]而現在他卻提出完全相反的論點！

「我們建議，即將隨化石燃料徵收的政府碳稅收入，應該分配於支持綠色可再生的永續木質燃料之上；此舉將會對保護氣候做出相當大的貢獻。」以上是馬克斯－普朗克研究機構網站首頁，一篇以蕭茲教授為作者的新聞稿部分節錄。用普通人都聽得懂的大白話翻譯是：以他的高見，木材被歸類為保護氣候的燃料還遠遠不夠，不，他額外要求，民眾繳交的稅金，必須用於獎勵林業偉大的貢獻。天啊，你們能夠想想某個油田酋長[65]對當地政府要求，為他生產的化石燃料，得到人民繳交的稅金作為獎勵嗎？雖然這位教授並不是油田的酋長，但我所用的譬喻，與事實其實相差不遠。蕭茲先生與林業關係錯綜複雜，他也是德國兩間林場的經營者，但我對他立場是否中立的質疑，主要是因為他在羅馬尼亞的所作所為。根據馬克斯—普朗克研究機構的網站，他的簡歷裡提到，他也是羅馬尼亞某間私人林場的第一把交椅。[117]

羅馬尼亞的喀爾巴阡山脈地區，屬於地球上僅剩不多的原始山毛櫸林分布區，它們的命運與亞馬遜雨林非常相似：古老原始的森林資源，向來是貪婪的木材商掠奪的主要目標。如同德國境內一樣，羅馬尼亞林業也是不擇手段，用盡各種異想天開的理由，申請砍伐參天巨木，好像不砍樹、明天就沒有木材可以用一樣。羅馬尼亞的民眾也同樣被林務單位洗腦，如同德國、瑞典、波蘭以及其它國家的林務單位，異口同聲告訴民眾：受到樹皮甲蟲危害的樹木，必須立刻砍伐清除，才能避免讓染病的森林植群也得到「傳染病」枯死。所以林業專用術語，稱砍伐病死木的作業，名副其實的為「衛生伐」（Sanitärhiebe）。不過一旦衛生伐被批准，伐木業者卻常常砍伐超出原本申請的木材材積，而已經清空的林地，也成為下一次伐木作業最好的起點，方便機械作業，逐次砍光周圍的森林。

為了到達巍峩參天山毛櫸巨木林的立地，伐木業者出動推土機，在人跡罕至的天

65 作者主要是指產油的阿拉伯國家。

然山谷開闢林道，讓伐木工人的鏈鋸也可以沿著林道揮舞，砍伐林道附近的樹木[66]，最後羅馬尼亞的深山，就跟熱帶亞馬遜雨林沒什麼兩樣，差別只是原始林濫砍發生的地點，在這個例子裡位於全球環保模範生的歐盟境內。

近年來，羅馬尼亞漸漸成為歐洲最主要的木材生產大國，提供了源源不絕的木材原料給大型企業，例如宜家家居（IKEA）。若羅馬尼亞的林務官嘗試阻止濫砍濫伐，還會被殘忍的謀殺，例如羅度可・戈契瓦亞（Raducu Gorcioaia），就是在抓山老鼠時，被斧頭砍死命喪森林裡。[118]

一篇學術論文的爭議

我們拉回到蕭茲教授，根據羅馬尼亞當地的環保人士所言，他跟羅馬尼亞西部佛格拉什山脈（Făgăraș-Gebirge）的伐木活動，有許多說不清的關聯，我之前舉過的石油酋長例子，又可以套用在這個情況下，蕭茲個人擁有兩座德國林場，已經是木材原料供應商，但他完全不受限於這個角色，認為有利益迴避的必要。不過，他最大的問題，在於他使用不符合實證科學原則的數據，支持他的論點，而他對數據的解讀，簡直讓人匪夷所思！

托比亞斯告訴我，蕭茲報告數據裡，有非常大的疏失。關於這個疏失的來龍去

66 作者指的是魚骨狀伐木法，將伐木區像魚骨狀的拓展，逐次砍光寶貴的原始林。

脈，其實有點枯燥平凡，而且解釋起來相當複雜，但我不想因此略過這整件事。我反而要一一細數，資深的林業學者如何利用資料漏洞，開創林業的偽科學惡例，蕭茲研究的爭議，不只對德國林業有決定性的影響，也讓我們看到，森林學術界某些權威的研究學者，姿態是多麼傲慢囂張。

蕭茲研究報告主要數據的基礎，來自於圖林根邦海尼希國家公園（Nationalpark Hainich）進行的森林測量調查報告。這座面積不大的國家公園，主要以保護古老的山毛櫸為主，雖然過去森林也受到了人工的經營管理，土壤理所當然受過重機械的碾壓，不過定居在這裡的山毛櫸，現在可以不受人為干擾，慢慢朝原始林演替。蕭茲的研究，拿這座國家公園的資料作為研究基礎，我已經覺得非常不合理了，畢竟以嚴謹的學術定義，人工經營的森林，都需要經過幾百年自然更新演替之後，才能勉強被稱為原始林。

蕭茲為了證明，沒有人為干擾的森林保護區，作為碳匯能夠吸存很多（或是很少）的二氧化碳，他使用了海尼希國家公園裡，對園內一千兩百棵樹木材積測量結果來推導他的論點。二〇〇〇年時，國家公園裡每公畝面積上的山毛櫸，平均生長了三百六十三點五立方公尺的立木材積，二〇一〇年時，調查人員重複調查了前十年的一千兩百棵樣本。結果顯示，每公畝多了大概九十立方公尺的材積——想當然耳，樹木在這十年來，樹圍粗了不少。我們若以每年為單位，國家公園上每公畝的山毛櫸，平均生長了九立方公尺的材積——這差不多等於森林從空氣中，固定了九公噸二氧化碳放在樹木的細胞組織裡。大部分的林業專家學者，也都認同對國家公園的調查結果，因為上述數據，與德國各地古老山毛櫸的生長速度和材積相符。

二〇一〇年第二次的調查中，海尼希國家公園擴大了調查項目，他們對沒有樹木覆蓋的林地，或是只有年輕樹苗生長的林地，也進行了材積測量。正常情況下，這只是額外的調查——不過若我們只想知道古老山毛櫸木材材積的生長差異，可以直接忽略這類的數據。按照實證科學的研究方法，年輕森林的材積總量，無法用於比較古老森林的生長情形——我們只能用二〇〇〇年已經有數據的十年前材積做比較。關於這一點，國家公園的園長曼佛瑞．格羅斯曼（Manfred Großmann），還特地在調查報告上註明了兩者的差別。誰要是不顧樣本來源不同，引用了來自不同樹木樣區的數據，不可能只是不小心疏忽，誤會一場而已。[119]

蕭茲不認為樹木樣本基礎不同就不能進行比較，或者我們應該說，蕭茲反而覺得這是一個把水攪渾的好機會？不管怎麼樣，這位經驗豐富的教授，不知怎麼的，把年輕森林的測量數據，加進了二〇一〇年和二〇〇〇年的比較之中，所以古老山毛櫸林的木材生物量，平均每年只稍稍增加了零點四立方公尺，這個數值，連樹木真正生長材積的二十分之一都沒有。[120] 看吧！白紙黑字寫在這裡，德高望重的教授有憑有據的宣稱，沒有人工經營的森林，碳吸存的能力幾乎不曾增加，對比之下，受到人工經營撫育的成熟森林（他引用的是森林資源調查局〔Bundeswaldinventur〕正確的數據）碳吸存的能力，反而比受到保護的森林高了二十倍有餘。

以不同樣本來源數據為比較基礎，蕭茲、斯卑爾曼和他們的同事，便可得出使用愈多木材就能儲存愈多的二氧化碳，人工經濟林能減緩氣候變遷衝擊的結論。真是奇怪，將作為碳匯的樹木砍伐一空，碳儲量的空間反而大幅增加？林業看到上述研究結果，立刻額手稱慶，環保人士則個個義憤填膺，嚷嚷必須有人揭發說明不肖學者在數據上做的手腳才對！在天然林學院（Naturwald Akademie）的托史登·維樂（Torsten Welle）帶領下，托比亞斯還聯絡了其它學者，艾伯斯瓦得永續發展科技應用大學（HNEE）的皮耶雷·伊必敕教授，將他們的疑慮發表於國際期刊，還有在HNEE的網頁，也發表了新聞稿說明，讓國際學術界都知道這篇學術論文的資料疏漏，[121]另外也有兩位國際級的學者，對其論文結果發出了批判之聲。

代表蕭茲立場的這一方，立刻做出了回應：當時由部長尤莉雅·科樂克能領導的德國聯邦農業部，底下附屬的聯邦圖能森林生態研究所（Thünen-Institut für Waldökosysteme）馬上有了行動。研究機構的主要任務是為政府制定政策，提供最新的科學數據，扮演諮詢的角色，[122]但他們並沒有這麼做，如同我們應該猜得到的，政府雇用的學者，沒有批評蕭茲先生錯誤得離譜的學術論文，德國聯邦圖能森林生態研究所的所長安得利亞斯·波特（Andreas Bolte），反而在推特上護短，嚴厲譴責批評這篇學術論文的學者。[123]為了全面駁倒反對的聲浪，林業政策學術委員會的主席約根·包胡斯（Jürgen Bauhus）也開口聲援蕭茲，這個委員會的主要功能，也是為政府機關提供林業政策諮詢，以及負責協調與學術界的合作。[124]約根·包胡斯任教於佛萊堡大學（Universität Freiburg），教授育林學（Waldbau），他對「科學論述」這個詞彙的理解相當特別——他以白紙黑字下了最後通牒，要求科大更正新聞稿，只因內文也提到了聯邦林政科學委員會，畢竟委員會的確與蕭茲、斯卑爾曼沆瀣一氣，支持了經營利用森林資源，對保護氣候大有幫助，勝過保護森林的觀點。在「共犯結構」不分青紅皂白地扭曲事實後，為了硬拗到底，包胡斯還以這篇新聞稿，向德國研究協會（DFG, Deutsche Forschungsgemeinschaft）檢舉[67]，事由：違反學術倫理。包胡斯檢舉的目的，意在打壓受雇於艾伯斯瓦得科技應用大學的學者，還好ＤＦＧ協會秉公處理，沒有發現任何異常之處，終止了調查。[125]

對森林保護的影響

一篇不知有意還是無心、有所疏漏的學術論文，居然引出這麼多紛紛擾擾，讓我終於看清了，林業政治是如何運作。不同陣營的專家學者，沒有謹守學術分際，互相尊重，不願意進行客觀公開的討論，即使抱有異議的學者，只是盡了他們的本分，當權者卻以職業生涯威脅，想要強迫反對者噤聲。我真的很擔心，聯邦等級的研究機構，在學術倫理是非黑白問題之上，是否具有足夠的公正性，但更糟的事情還在後面。

蕭茲和斯卑爾曼的論文，不僅讓馬克斯—普朗克研究所出盡洋相，也是德國森林學術界的汙點，整件事最強大的後座力，卻發生在羅馬尼亞林業圈之中。蕭茲在羅馬尼亞聲譽卓著，這樣一位來自已開發國家如德國的學者、外加權威的森林專家都建

67 德國大學院校的科研項目，可以向德國研究協會申請特殊資助。

議，不需要保護古老森林，而是應該大量利用木材資源——結果當然肆無忌憚毀壞森林——這篇學術論文，等於打了羅馬尼亞當地的森林保育人士一巴掌，因為他們其中有很多人，為了全人類保護古老山毛櫸原始林，甚至犧牲了他們的性命也在所不惜。

克里斯多夫・朋貝格（Christoph Promberger）是喀爾巴阡山脈保護基金會（Foundation Conservation Carpathia）[126]的負責人，告訴我羅馬尼亞官方森林主管機關到處吹捧蕭茲的論文，將其視為濫砍濫伐政策的贖罪券。克里斯多夫想要力挽狂瀾，打算購買更多林地，劃為保護區，他正嘗試著推動，成立全歐洲最大國家公園的提案。很不幸的，環保人士挽救老樹的自然保護計畫碰了軟釘子，被羅馬尼亞政府斷然拒絕了。

或者我們幾乎可以推測，蕭茲教授可能是為了自己的利益，才發表了這篇學術論文，藉此提供毀壞歐洲僅剩不多原始區域的正當性。但蕭茲透過他的公信力造成的附帶損害，遠遠超過德國或羅馬尼亞區區幾平方公里的森林。如果你們現在身處其它國家，用你的母語讀到我剛剛寫的這段話，你們要知道，所有發生的事情都是與你們每個人息息相關，不僅限於德語區的讀者而已。我會這麼說，不是因為全球的氣候休戚與共，全球森林同氣連枝。不，很不幸的，德國林業就是森林經營的創始人，也是所有問題的根源。從十九世紀起直到今日，德國林業被全世界其它國家林業視為標竿，追從效仿，影響力無遠弗屆。說實話，我真的覺得非常抱歉，全世界居然還以德國林業馬首是瞻，畢竟世界上其他國家的林業人員早就發現了，人工經營森林種種弊端就是在德國，例如印度的森林。

帕拉第・克里申（Pradip Krishen），一位在印度次大陸非常受到尊重的環保人士與自然專家，在印度版《樹的祕密生命》前言裡寫到，數世紀以來，德國的林業人員告訴大家，要以種植人工法定林為終極目標。森林需要人工撫育、皆伐收穫木材、種植人類想要的樹種、移除所有不需要的樹種，種種經營森林的管理方式，根據克里申的說法，對印度森林造成了非常大的傷害，而直到今天，印度的森林生態，都還沒從人工經營造成的衝擊中平復。[127]

德國林務單位被判違憲

現在我非常想知道，為什麼國際林業界如此推崇德國呢？十九世紀時，放眼全世界，只有法國與德國開始了現代的工業化森林經營，那時大部分的世界，仍處於大英帝國的控制下，眾人皆知，法國與英國是世仇，大英帝國只能在兩者選其一的話，當然會選擇邀請德國林業學者，到殖民地分享馴服大自然的經驗與知識。然而，大英帝國已是過眼雲煙，不復存在了，以人工林為主的林業管理，卻仍舊陰魂不散，出沒在殖民地的林業主管機關之中。

林業堅持燃燒木材對氣候有益無害的真言，讓我想到了石油工業。英國與荷蘭合資的殼牌（Shell）石油公司，早在三十年前的內部調查就已知情，燃燒石化燃料可能會造成氣候暖化，但殼牌卻連同其它大型石油公司，矢口否認石化原料與氣候變遷的因果關係。[128]

今日的林業也依樣畫葫蘆，採取掩耳盜鈴的態度，漠視科學界已有的共識，燃燒木材對氣候有害。科學界已經提出了警告，燃燒木材在某些特定情況下，甚至比燃燒煤炭更不環保。二〇一七年的時候，大概已有八百位科學家對歐盟委員會提出示警。[129]

同年二〇一七年，也有學者憂心忡忡發表報告指出，為了達到歐盟使用再生能源（木材也屬於再生能源）的目標，歐洲木材需求量，將會從二〇〇九年的三億四千六百萬立方公尺，升到二〇三〇年的七億五千兩百萬立方公尺，需求大概會翻倍，這個數字僅僅包括了木質燃料的需求而已[68]！[130]上述的立木材積，大約是德國平均伐木量的十二倍，相等的能量轉換成石化燃料，大概需要消耗一億八千萬噸，讓大家比較一下：歐盟在二〇一九年對石油的消耗量，是七億零五百萬噸，[131]木質燃料的需求大增，慢慢超過了石化燃料，往環境汙染首位前進。使用木質燃料，不僅會釋放二氧化碳到大氣之中，還移除了原本緊緊抓住森林土壤樹根，讓土壤產生大量的溫室氣體，因為太陽直射土壤之後，地表溫度增加，微生物全速啟動，將腐植質分解到一點不剩，燃燒木材產生的溫室氣體總量，實際上巨大到無法估計。

大面積摧毀森林生態系，造成了森林喪失降溫功能，降雨大減，種種負面氣候影響，讓木材資源利用的程度，幾乎與石化燃料相提並論了。不過，這點還需要科學家進行更詳細的研究，既然我們又回到木材資源，對氣候有利還是有害的辯論：只要目

68 作者指紙張、木製作、建材的需求還沒有列入。

前非常有名望的林業學者，拒絕承認森林與氣候之間緊密的關聯，我們再怎麼討論也無濟於事。

但不只有部分學者漠視科學事實，森林經營主管機關也不遑多讓。大家不需要太感驚訝，畢竟負責森林保育、阻止森林濫砍濫伐的主管機關，其實也是德國最大的木材商。我們來把這句話再好好咀嚼一下：如同球員兼裁判，負責監督的主管機關，居然負責監督他們自己。但是自產自銷、熱中伐木販售的森林經營主管機關，其實以前已經多次被法院糾正過了。一九九〇年之前，那時還有木材銷售基金會，專門宣傳大家多多使用木材，以增加木材的銷售量。換句話說，就是鼓勵多多伐木。基金會的資金來源，來自於所有的木材交易，原木賣家都被強迫繳納銷售金額的一部份作為佣金，意思就是國家機器強迫林主銷售使用森林資源。德國聯邦憲法法院已經在一九九〇年就判定，強迫銷售木材並且還抽成屬於違憲行為，判決裡寫著，公有森林存在的目的，不是為了增加木材銷售額，而是為了保持國土安全，以及提供大眾遊憩功能為優先考量。[132]

這個判決的後果：被判違憲的抽佣金法條，只是稍微修正了一下，現實情形並沒有任何改善。直到二〇〇九年，德國聯邦憲法法院第二次將繳納銷售佣金，再度判決違憲，嚴厲禁止及指責類似行為，木材銷售基金會的資金來源終於被斷絕，強徵佣金之事才銷聲匿跡。[133]但沒有消失的是，公有森林依舊以生產木材為宗旨，我們只有希望法院，不要再等下一個十九年，才判決林務單位第三次違憲。

壟斷木材市場的訴訟

然而，森林經營主管機關權柄在手，乾綱獨斷持續不了多久，最近林務單位又受到了新的壓力。德國聯邦反壟斷局其實過去不斷想要杜絕森林經營主管機關的監守自盜，終止他們販賣負責監督林場的木材，因為木材自產自銷的情況下，林務局並沒有其它競爭對手。[134]不過林務單位對德國聯邦反壟斷局的嘗試，採取拖延戰術，遲遲不肯拆分生產與銷售業務之際，半路卻殺出個程咬金。有間美國的第三方資助法律金融借貸公司——伯福特資本公司（Burford Capital），接受了德國鋸木廠的委託，一狀將國家機器長年壟斷木材市場告上法院，他們特別針對北萊茵—威斯特法倫邦（Nordrhein-Westfalen），求償一億八千三百萬歐元的補償——對於經濟規模其實很小的林業，這筆金額有如天文數字；[135]同樣地，萊茵蘭—普法茲邦也因壟斷木材市場，被「萊茵蘭—普法茲鋸木廠互助有限公司」（ASG 3, Ausgleichsgesellschaft für die Sägeindustrie Rheinland-Pfalz GmbH），透過美國第三方資助法律金融借貸公司，求償一億兩千一百萬歐元的補償。我聽人轉告，那時在位的萊茵蘭—普法茲邦環境部長烏麗可・赫夫肯私下抱怨，這個訴訟對她負責的聯邦林業財政造成了非常大的負擔。[136]

法院訴訟向來非常漫長，耗時良久，到目前為止，林業都成功的利用法律漏洞，不做任何改變。但同一時間，氣候變遷的威脅已迫在眉睫，人類能夠有所作為的時間，一點一滴在流逝。我們不應該放棄希望，我們應該相信改變的力量！現在，我們走出森林，回到自己家裡，從我們的餐桌開始。

第12章 你的餐盤裡裝什麼？

氣候變遷的相關討論，大都聚焦於源源不絕排出二氧化碳廢氣的汽車、卡車、飛機或是工廠，災難想像常常變成報紙頭條，媒體透過傳播南北極冰川融化，或者亞馬遜森林陷於熊熊大火之中，完美設計出末日駭人的景象！現代資訊傳播精美又迅速的唯一好處是：我們都漸漸明白，原來氣候變遷的確會影響全人類，但對於大部分人來說，火燒眉睫的氣候變遷帶來的種種災禍，僅僅存在於家中客廳的電視機裡而已。

全球暖化加劇，乾旱發生頻率增高，不過我們若只看區域性的天氣變化，人類開墾林地，改變了土地利用方式，才是造成局部氣候變化的始作俑者，這一點並不能統統推給全球氣候變遷。古老森林降溫能力你們已經知道了，你們也在前幾章讀到，森林與農牧用地（也可說與人類建築的城市鋪面相比），地表平均溫度的差異，多達十度左右。你的餐盤裡裝什麼，其實也間接決定了地表溫差幅度。

所以我整理了相關數據懶人包，方便你們輕輕鬆鬆瞭解整件事的因果關係，而且你們放心：當我們一同估算完之後，你會非常樂觀的相信，我們能夠減緩氣候變遷，渺小的個體只要有所行動，也能拯救地球——我保證！

肉品消費的碳排放

隨著人類經濟發展，德國林地覆蓋面積，已剩下全國土地的百分之三十二，而且這些森林大部分是由人工林組成。

以前曾經是原始林覆蓋的地區，土地利用改成了多種的人為用地：百分之十四點七變成了住宅區和道路，其它一小部分屬於水體、礦業用地或荒地，然後佔德國土地最大宗，百分之四十七，或者說十六萬七千平方公里，都是農牧業用地。

農牧業用地當中有四萬七千平方公里的土地，主要種植的是糧食作物，例如馬鈴薯、穀物、水果、蔬菜以及葡萄，再加上種植生質能源，還有生物沼氣所需作物，也佔去了兩萬平方公里。生產肉類、蛋類還有奶製品所需的飼料，使用了大概十萬平方公里的面積——與德國林地面積的總合差不多了（約十一萬四千平方公里）。[137]

德國基本上能夠自給自足，生產國內消費的五穀雜糧，不過若是想要提供畜牧業足夠的動物飼料，就必須倚賴進口，所以我們現在還得加上國外種植飼料需要大量面積，例如大豆，或者其它高營養植物性飼料。

我之所以落落長列出土地利用面積實際數值比例，是想要讓大家知道，吃肉與溫室效應的關係，就是靠農作物或飼料作物相連起來的。目前很多碳排放的報告，淡化畜牧業與升溫之間的關聯，只將生產過程的二氧化碳計入排碳量，至於大規模養牛場和種植動物飼料，讓大片森林被夷為平地的排碳量，卻完全沒被列入考慮。

為了讓肉品消費的碳排放更清楚透明，我們一起來進行簡單的估算，重點不是想要得到絕對的數值，而是想要讓大家對畜牧業碳排放過程有初步的概念。

那我們先來看看，森林作為碳匯平均能夠吸存多少二氧化碳。生態功能正常的中歐原始山毛櫸林，每公畝可以吸存一千公噸的碳。[138]若為了飼養牛隻，開墾森林轉為牧地，那麼砍伐樹木的同時，也清空了森林碳匯，還要算上森林土壤微生物，因地上植被改變而產生的大量二氧化碳，都必須計入肉品生產的碳排放之中。

這時你可能會抗議，這些林地早在百年前已經被砍伐了，不能夠算進現在的碳排放裡，即使學術界已經有不同的看法，不過沒關係，我們還是將時間點調成從今天開始算起。以目前閒置的自然綠地為基礎，看看我們現在決定，這塊土地是要用來畜牧，還是重新造林。若是決定用來放養牛隻，那每年由牧草辛辛苦苦固定下來的二氧化碳，便會時不時進入牛胃後被分解，接著馬上又再度釋放到大氣中；如果用於再度造林（或是放手讓森林自然演替），那溫室氣體會以木材還有腐植質的形式固定下來，我們就來一起算算，森林到底能吸存多少二氧化碳。

令人非常驚訝的是，草生地與森林每年每公畝吸存的碳量，幾乎不相上下，大約是六到九噸（草生地）與四到七噸（森林）。我們現在就簡化一下，取兩者的中間值六公噸，將碳分子乘以三點六七，等於是氣體形式的二氧化碳總量，[139]所以六公噸的碳分子，大約等於二十二公噸的二氧化碳，而其中一部分，還會繼續透過動物、真菌與細菌，消化分解青草、腐植質與枯木，再度回到大氣中。即使如此，光是樹木因不斷生長，儲存於木材之中的碳量，至少就有十一噸；[140]小結一下，森林（包含樹皮、樹葉、腐植質）每年會持續成長，所以我們能夠大膽的估計，總固碳量大約是十五公噸。我們也可以反過來說：若這塊土地改為牧場，每年每公畝就不可能增加十五公噸的碳匯，因為樹木被牧草取代，而且牧草會不斷被牛隻啃食，也必須列入考慮。總結上述大大小小的碳循環，我們現在可以粗略估計，每公斤的肉品到底產生了多少二氧化碳。

水草最豐美的牧場，平均每公畝能供養最大體積的生物，大約是五百公斤左右的牛隻。若將肉牛宰殺後，大約剩下牲體重百分之五十三的牛肉可供食用，也就是兩百六十五公斤。至於牧草本來能夠固定的十五公噸二氧化碳（或是說再也不復存在的森林），僅僅為了兩百六十五公斤的牛肉，卻被再度釋放到大氣中，整體攤平後，每公斤的牛肉，大約排放了五十七公斤的溫室氣體。還不止這些，生產牧草飼料還需要用到農業機械，牛肉也要經過屠宰加工，包裝最後運送到超級市場，才會到消費者的餐桌上。另外牛隻活著的時候，也會排出兩百公升的甲烷，[141]這個氣體，造成的溫室效應比二氧化碳高二十一倍。

計算畜牧業的碳足跡時，還有其它因素必須列入。例如像是清除原始林，改為養牛場時，將會釋放一千噸二氧化碳到大氣中，必須攤平在牧場的使用週期內，大約為兩百年左右，因此消耗肉品的排碳量，每年又再多加上五公噸，或者說，每公斤的牛肉，必須再加上十九公斤的二氧化碳，才能慢慢平衡牧場設立之初的排碳量。光是飼養牛隻，還有種植飼料加工處理，依每種計算模型不同，每公斤牛肉的二氧化碳排放量，差不多要再加二十公斤。[142]囉哩囉嗦算了這麼多，現在每公斤牛肉排放的二氧化碳量，已經接近一百公斤了。

我再強調一次：我們只是想粗略估算畜牧業的碳排放，然後瞭解肉品消費產生碳足跡的最大值有可能是多少。根據資料顯示，德國每年每人吃的肉類大約是八十七點八公斤（其中六十公斤，來自於民眾肉品消費），[143]換算一下，德國每年每人光是吃肉，就產生了高達約八點八公噸的二氧化碳。

根據德國聯邦環境部統計資料，二〇一七年德國每年每人消費肉品的排碳量，只有一點七四公噸。[144]官方的數字之所以遠低於我們數學作業得出來的結果，在於德國政府沒有考慮生產肉品時，消失的森林生態系統原本的吸存潛力。有些平台甚至以原本屬於雨林覆蓋的南美洲牧場為例，算出來每公斤牛肉的碳排放量，約為三百三十五公斤的二氧化碳，[145]與我們粗略的計算相比，這個數字可是多了三倍[69]。

不過，並不是每個人都喜歡吃牛肉，有些人可能比較喜歡吃豬肉或是雞肉，這兩種肉品，不會排出那麼多溫室氣體。不管如何，許多機關組織在計算飼養家畜家禽的碳足跡時，都只有把部分或完全沒有算進森林被砍伐後，所釋放的二氧化碳考慮進去。這也是為什麼大眾氣候風險認知裡，糧食生產並不是對氣候變遷最具影響力的因素。

---

69 作者前一段算出，德國每公斤牛肉排出一百公斤的二氧化碳。

終止集約化畜牧

嚴格來說，至少歐洲目前並沒有大規模砍伐森林轉為畜牧，而是大規模阻止森林復育，所以肉品生產的碳足跡才如此驚人。這同時也解釋了，為什麼許多研究與文獻並沒有將全球暖化與畜牧直接產生關聯，畢竟歐洲有許多地方曾是森林覆蓋，在很久很久以前，已經變成了草生地或是牧場，給了大眾綠草如茵的田園印象。牧草茂盛滿眼青翠的人造景觀，很難讓人意識到畜牧業與連年氣候災難的關係；工業區林立的煙囪，像是緬懷大自然的哀悼紀念碑，而草原上翩翩飛舞的蝴蝶，不會讓民眾聯想到這裡曾是蒼翠欲滴的森林。

我想要請大家試著想一下這個畫面，我們回到工業化農業盛行之前，只在星期日吃肉，降低肉品需求，你們願意做出這樣的改變嗎？你們會問，若每個人都這樣做，德國有可能會增加多少森林面積呢？未來的地表溫度，可能會發生什麼樣的變化呢？

德國民眾的餐桌上依喜好口味不同，一份牛排重約一百五十克，我前面提到，德國民眾每年每人平均消耗了六十公斤肉類，現在全民改成每個禮拜只吃一次肉，一年有五十二個禮拜乘以一百五十克，等於平均每人每年只食用了七點八公斤肉類。光是改變飲食習慣，我們就減少消耗五十二點二公斤（60—7.8=52.2）肉類，或者是說降低百分之八十七的肉品需求。如此一來，我們或許就能將種植飼料的土地用於森林復育之上。可能有人馬上想到，我前面不是提到，德國無法滿足自己國內畜牧業的飼料需求，大部分都是靠進口應付：現在你就會見到以百分比計算的美妙之處，若是飼料的需求也跟肉類需求一樣，降低了百分之八十七，不管是在德國或是在國外，種植飼料作物面積，也會跟著降低百分之八十七。

當我們減少肉品消費，可能需要更多卡路里，以滿足日常活動所需的能量，結果我們又需要更多土地，栽種更多糧食。這倒不成問題，我建議把種植生質燃料與生物沼氣的土地，改為種植人類喜歡的糧食作物。二〇〇八年，我在找關於上述再生資源的資料時，已經讀到這兩種再生資源的碳足跡，與肉品生產不相上下。生物沼氣就好像巨型的人工牛，沼氣其實就是雜草與玉米稈腐敗後產生的氣體；發電過程中，溫室氣體不是透過洩漏，就是燃燒，最後都會排放大量的二氧化碳和甲烷到大氣中。所以，我們應該立刻停止使用生物沼氣發電；然後將種植生物沼氣燃料的土地改種其它糧食，增加糧食穀物的生產。

若我的建議被大家接受，最低可以減少百分之八十七的肉品消費，或是反過來說，增加百分之八十七的森林復育面積。若飼料種植面積達十萬平方公里，現在，我們可能多出八萬七千平方公里的面積，用於復育山林。若以德國當例子，林地面積可能會增加到二十萬平方公里，森林面積將會達到德國總面積的百分之五十六！

如果我們將家門前的土地變成長滿參天古木的森林，還有一個很大的優點：我們要是能親眼見到，光是減少肉品消費，就能間接成功復育大面積森林，隨著時間過去，區域性的極端氣候將會慢慢減緩，降雨量也將持續增加。說不定有一天，我們會意識到應該好好監督政府，快馬加鞭修法，結束集約化畜牧的肉品生產。

相對之下，荷蘭政府已經走在最前面，認知到了畜牧業與氣候變遷的關聯：政府已經制定了獎勵停止密集畜牧的政策。荷蘭政府編列了一百九十億歐元的預算，規劃在十年間，幫助從事畜牧業的農民，拆掉獸欄，轉型投資從事觀光業，[146]我個人非常希望德國也能提出類似的政策。德國每年生產八千六百萬噸的肉類，[147]平均每人每年消耗一百多公斤的肉品，遠遠超過德國自身需求。德國大量進口動物飼料，以高科技生產低廉的肉類外銷，而這些動物飼料，其實是靠糧食貿易企業大面積毀壞熱帶雨林後，改種飼料作物而來。我非常贊成荷蘭透過政府補助，與牧農達成共識，終止如此殘忍的商業模式，政府和畜牧業都各退一步，是個非常好的開始。編列這筆預算，算是對未來或我們的下一代，非常理智的投資，我們只要想想，畜牧業造成的所有環境問題，也會跟著減緩甚至消失，例如地下水品質，或是主要糧食作物的生產，目前已經因為超量糞肥的汙染，兩者的品質，有時候已經變得有危害人體健康之虞。

河岸森林生態系的復育

我們現在拉回到復育山林的主題，對牧農而言，若能獲得政府補助造林，會比每天要面對愈來愈嚴厲的規範，拚命生產更便宜的肉品來得輕鬆。而且如果牧農改行當林農，什麼還不用做，每年每公畝能獲得一千歐元的補助，戶頭數字不斷增加，笑嘻嘻的接收被動收入，還不會整天被社會大眾唾罵，轉而成為擁有良好公益形象的林農，何樂不為呢？而且，他們甚至還會獲得免費又稱頭的職業名稱：氣候農夫。

我們假設一下，德國森林大面積復育了；那些住在草叢裡的各式各樣生物該何去何從呢？我帶領民眾參觀艾費爾山脈的森林，常常提到應該將草生地復育成森林，有些民眾會被激怒，然後大聲抗議，草本植物對許多昆蟲與兩棲動物非常重要，而且這些生物在人為景觀之下，已經面臨了瀕臨絕種的危機。我覺得民眾保護動物的動機非常值得稱讚，上述理由聽起來入情入理，其實是大錯特錯，以草原為棲地的動物並不會滅絕。

德國本土天然開闊地景草生地，只存在於林冠層破洞下。以在此棲息的昆蟲為例，牠們本來就沒辦法生活在人為牧場裡，只有天然草原才是牠們的家，上述兩者可是有著天壤之別。天然草原之所以形成，是因為大型草食性動物時不時啃食植被，但不可能太頻繁，不然就變成不毛之地長不出草了。森林附近的河谷低地，屬於廣大天然草原分布地之一，河岸左右兩邊，常常長滿了數公里長、綿延不絕的青青河邊草。過去二十世紀中期，河岸常常在冬天結凍，沒有樹木能夠於此立足，春天來臨時，雜草與灌木就可以趁機拚命生長，擴張地盤。

然而，現在的河岸森林帶，除了非常小的一部分，基本上已經統統消失了，由於沿河建造了許多人工堤壩，過去頻繁出現的洪水氾濫，已經變得罕見，加上氣候暖化，河岸出現浮冰的情況幾乎是看不到了。原本珍貴的河岸森林生態系，動態平衡已經被破壞殆盡，而干擾生態系的元兇是：以前河谷低地是「風吹草低見牛羊」，現在則擠滿密密麻麻的人類居住棲息。河岸旁的農地，因為洪水氾濫的爛泥，土壤鬆軟肥沃，非常受人類青睞，決定也在河邊安居樂業，建立起了城市，不斷擴張文明建築，但我們很快就發現，河邊很容易受到洪水威脅，所以就發明新技術，築起高聳的河堤或是河堰，將河水攔阻於河岸之外，只留下非常小的面積，以短期洪水蓄水池為目的，作為滯洪池或是雨水保留池，並不是留給河岸森林生長擴張之用。

保護河谷森林區

當我們想要保護棲身於草叢之間的生物，就應該回復牠們天然的原生棲地才對，我們非常迫切需要，在萊茵河谷區或是易北河畔，都成立新的國家公園。歐德河谷（Odertal）下游區的國家公園，只是小小的開端，成立了僅僅只有一百平方公里面積，非常迷你的國家公園。而且政府在受到農業政治說客，以及業餘釣魚愛好者的雙重壓力下，僅僅規劃了百分之五十點一的面積給國家公園；其它部分，都可以用於經濟活動。至於為什麼會留了百分之五十點一的土地，純粹是因為國家公園法規定，國家公園至少要超過一半的面積，嚴格禁止受到人為干擾——所以這個國家公園，只留了比一半多那麼一點點的保留區，就可以打著國家公園的名號宣傳經營。[148]

但在上述的人為操作下，珍貴不受干擾的河岸生態系，沿岸長滿樹木的河谷天然草原，動植物重要的棲地，還是沒被保留下來。相反的，我們不斷「保護」中部山脈（Mittelgebirge）的牧草地，讓畜牧業可以在此放牧飼養牛羊。其實低矮的中部山脈，以前曾經布滿原始山毛櫸林，野牛或是野馬的族群數量，完全沒有機會在森林裡大幅增加。但不知情的環保人士，偏偏選中以前曾是樹木地盤的地區，執行瀕危物種的保護專案，理查王子[70]單方面決定，將他所屬林地絕跡的歐洲野牛（Wisente），以人工帶回野放，[149]他沒有選擇野牛原始棲地的河谷森林區[71]，反而選了屬於紹爾蘭（Sauerland）地區，丘陵起伏、連綿不絕的紅髮山地區（Rothaargebirge）。理查王子大概提供了四十平方公里的森林範圍，讓野牛再度自由自在漫遊其中。四十平方公里聽起來好像很大，可是對於體重高達一公噸的動物來說，實際上非常狹小。我補充一些資料，讓大家可以比較：一隻比老虎嬰兒大不了多少的野貓（Wildkatze），牠的巢域大小，差不多需要十平方公里，有時候甚至更寬廣。預料中的事情發生了：野牛當然不會只待在王子提供的四十平方公里範圍內，而是依照天性逐水草而居，漫步於牧草地、農田與林地，半途還會撕樹皮下來打牙祭，大幅減低了樹木的經濟價值。遭受經濟損失的私有林林主，當然大聲嚷嚷要求賠償，或是要求再度驅逐野牛。王子收到林主的抗議，決定減少野牛族群數量，並將牠們用柵欄圍起來，就像是戶外的野生動物園，跟「天然」兩個字完全扯不上邊了。[150]如果我們真的想要復育大型草食性動物，我們迫切需要設立佔地廣大的河谷森林國家公園，才能有所助益。

我想，要等到政府決定鼓勵少吃肉，多造林，多設立國家公園的那一天，應該還需要一些時間，社會大眾還需要時間醞釀，如何與大自然和平共存。不過至少我們每

---

70 Richard zu Sayn-Wittgenstein-Berleburg，德國沙因－威特根史坦－貝雷堡帝國郡（十六世紀神聖羅馬帝國的諸侯統治領土之一）的王子，其貴族身份為世襲。

71 因為德國已經幾乎沒有河谷森林了。

個人都可以馬上行動，減少肉品消費，在你們反問我之前，我先告訴你們好了：沒錯，從三年前起，我就開始吃素了。我不忍心看動物受苦，也真替地球的未來擔心，所以在我太太的鼓吹之下，改變了飲食習慣。如果你不喜歡吃素，我還有另一種能夠保護環境的方式，就從你家門前開始。

第三部

森林的未來

第1章
天生我「材」必有用

我常常被大家問到這個問題，一棵孤零零的樹？對氣候有什麼幫助呢？我非常確信許多地方的森林，不需要人類幫忙就能自然復育回歸，所以當我們以全球的維度，種下一棵小樹苗對抗氣候變遷，就如同滄海之一粟；但以區域性維度而言，你若在家中院子種下一棵小樹苗，卻是法力無邊，好處遠遠超出你的想像。想必你早就發現了，一棵樹對你家門前的微氣候，影響甚鉅。天寒地凍時，若你回家將車子停在樹下，車子前方的擋風玻璃，結霜速度比露天停車的車子慢，原因是樹木減緩了日夜溫差，也就是說：樹下跟屋頂下一樣，沒有外頭這麼冷。

熱浪滾滾的夏天則是恰恰相反，樹木就像天然冷氣一樣，不只因為樹蔭遮擋了炎炎烈日，樹木體內水分持續蒸散，帶走了許多熱量，不斷降低四周空氣的溫度。日常生活裡你只要用心觀察，也會看到類似的現象，豔陽高照時，你在後院將陽傘撐起來，躲在下頭乘涼，結果是：太陽傘下依舊熱氣蒸騰，只比沒有太陽傘涼快一點點而已；但你若是改坐在一棵大樹下，卻能感受到非常明顯的溫度差異。特別是參天雄偉的古老闊葉樹種，樹蔭下的微氣候，最高會比裸露地表低了攝氏兩度，這點經過前面幾章的解說後，我相信你已經覺得不足為奇了。一棵「長大成樹」的山毛櫸，每天會透過它的樹葉，消耗附近空氣的熱量，並蒸發最高達五百公升的水分。人體也會利用水蒸氣的降溫效應；當你流了滿身大汗之後，常常就覺得涼快多了。

若你家種的大樹離房子外牆很近，那就更容易觀察到樹木水分蒸發的情形。因樹冠籠罩投影在房屋的外牆之上，這一區的牆面，常常長出一塊塊灰綠色的藻類，這些斑點就是最佳的溼度計，告訴你靠近樹木的這面牆，長期以來，這裡的微氣候比周遭區域陰冷潮溼多了。

我與家人居住的轄區宿舍，也可以觀察到類似的情形。我們的森林小屋，很符合林務官的形象，受到樹木環繞，其中最高大雄偉的樹種，是一棵古老的樺樹；說實話，我目前還沒看過比它更高聳的樺樹了，從我書房窗戶望去，它大概離房子約八公尺遠，樹幹因為內部腐朽已變成中空，成了留鳥築巢的最佳空間。拜這棵高聳入雲的樺樹所賜，裝設於我森林小屋前的氣象站，與位於威士賀芬鎮山丘上的森林學院，長年維持著約攝氏兩度的溫差，觀察森林學院四周，其附近的樹木都還很矮小——畢竟森林學院的庭園與主建築，都是二〇一九年底才完工；所以天氣暖和時，林務官宿舍比森林學院涼爽攝氏兩度；天氣寒冷時，宿舍比學院溫暖攝氏兩度，然後宿舍附近的空氣溼度，全年都比學院附近高——當然是因為老樺樹以及我宿舍附近的樹木，全年進行呼吸作用提供了源源不絕的水氣。

關心自家附近的樹木

一棵樹就足以改變你家的微氣候，我之所以強調這一點，是因為很多人相信，個人太微小，沒辦法替地球做些什麼。我認為，要是你家院子的樹木能通人語，聽到這種悲觀宿命論，一定會加以大力反駁。那麼，我們該在花園種些什麼樹，或是用什麼樹種綠化道路呢？我強力推薦大家使用本土樹種，因為庭院或是路旁，都屬於大自然的一部分，與森林生態系沒什麼兩樣，樹木是許許多多的生物食物來源，以盤根錯節的食物鏈，一起共同維持生態系統的穩定（大家還記得前面提到的合生體嗎？）。所以當你想要種樹時，最好先看看你家附近的天然林裡都長了些什麼樹木。若你住在德國，大概就是橡樹、山毛櫸、籬楓（Feldahorn）、野生花楸（Elsbeere），或者歐洲山楊，具有非常強大的生命力，最常見於德國各地的皆伐跡地，能夠快速的生長擴張；若是你希望一舉兩得，可以種植果樹，特別是家裡有小孩的家庭，讓小孩與樹木共同成長，童年時期便建立起對木本巨人的信任與依賴，即使小孩長大成人，也不會忘記與樹木相處時溫暖安心的經驗。

去年（二〇二〇）夏天的旱魃肆虐，久久不去，我們可以看到許多城市民眾開始提心吊膽，擔心行道樹過不過得了這一關。於是民眾開始自動自發的幫行道樹澆水，而且不只是一兩個市鎮的民眾這麼做，德國全國各地，都可以看到自動澆水的隊伍。甚至整條路上的愛樹民眾，非常有紀律的組織了澆水小隊，互相協調排班澆水，我個人認為，這是希望的象徵，也是民眾對橡樹、懸鈴木（Platanen）、楓樹愈來愈重視喜愛的象徵。人們終於不只把這些行道樹，看成賞心悅目的綠色裝飾，人們對木本巨人口渴如燥的同理心，觸動了內心自發性澆水的行為。那麼一盆接一盆，澆在行道樹植栽穴中乾燥土壤的水分，是望梅止渴還是真的救了急呢？

森林學院因此陸陸續續收到許多相關問題，民眾迫切的想知道，澆水行動對樹木是否真的有所幫助。為了回答這個問題，我們先來看一下，人類不進行干預的話，情況會如何發展。若老天大發慈悲，讓乾燥大地久旱逢甘霖，雨量必須至少到達每平方公里十公升以上，雨水才能滲透到土壤深處，換算下來，僅僅是一公分高的水柱——大概只能勉強浸溼約兩公分左右的土壤表層。不過光是每平方公里十公升的用水需求，民眾組織的澆水團隊就完全忙不過來，畢竟不只有小到可笑的圓形植栽穴區域的樹根，需要大口暢飲。根據簡單的粗估法則，通常樹根分布的範圍，差不多就是頂端樹冠直徑的兩倍大，成熟高大行道樹的樹冠直徑，常常輕而易舉超過十公尺，那它腳下樹根的分布直徑範圍，若由亞當．里斯[72]來算的話，乘以圓周率後，面積差不多是三百一十四平方公尺。現在我們可以回答愛樹民眾了：當我們想要澆足每平方公尺至少十公升的水量時，我們至少需要提三立方公尺的水量澆水，沒有任何澆水小隊，能夠負擔如此大的水量，更不用說，土壤兩公分以下的樹根，甚至連一口水都分不到。

住在城市裡的行道樹，樹根大部分被覆蓋在人行道與柏油路面之下，人為的鋪面道路，也像保護罩一樣，把樹根包得密不通風，無法呼吸。綠化工程在規劃時，只會

72 Adam Riese（1492~1559），與歐幾里得齊名的德國數學家。

在靠近樹幹底部圓形植栽穴，留下空隙沒有使用地磚覆蓋，讓樹木勉強透透氣。於是澆水小隊非常想知道，他們自發性在植栽穴上方澆下的水分，到底有沒有幫到樹木呢？答案非常清楚：當然！你只要想像一下，你在穿越沙漠時迷路了，水壺裡一滴水都不剩，快要渴死了。雖然此時此刻，你最需要的是狠狠灌好幾公升冰水，但突然之間，有人出現了，卻只剩一口水夠分給你喝，難道你會拒絕不喝嗎？最重要的是，愛樹民眾替行道樹澆水，無形中也傳播「愛樹如子」的訊息，增加大家對樹木的同理心，長期來說，加強了森林與大眾之間溫暖的社會紐帶。

樹根抽取土壤水分的妙用

另一個讓森林回歸，好好發揮調緩極端氣候的方法，就是施行混農林業（Agroforstsysteme）。這個專有名詞聽起來，好像很複雜，技術含量特高，其實施行起來非常簡單：我們將樹木與農作物，依植物的屬性不同，以不同的間距，一起種在農田裡。混農林業的好處，不僅增加了農作物收成，對整體自然生態系也帶來了許多利基。

我們先來聊聊對農作物的益處。目前我們的主要糧食作物，若是頭上有陰影遮蔽，生長量馬上會受到負面影響，因為它們的祖先來自於熱帶草原，喜歡全日照，若農作物旁有樹木遮蔭，產量就會下降；但如果距離拉遠一點，離樹木有點近、又不會太近時，混農林業的收成，就比純農田的產量還要高很多。看來糧食作物靠著樹木幫忙擋風遮雨，反而能夠放心的把較多能量分配到生長之上。特別是春生夏長之際，糧食作物不會受到乾熱的空氣直接吹拂，烘乾土壤水分，使得土壤結構仍保有許多團粒（Krume），溼度相對穩定。依照農夫過去幾十年來，以血淚換取的經驗得知，決定農作物收成多寡最重要的關鍵因子，就是土壤溼度。二〇一八年到二〇二〇年的乾旱期間，樹蔭也幫了糧食作物一個大忙，混農林業的農田，看過去依舊是一片綠油油的景象，附近放牧的牛羊，還可以躲在樹蔭下避暑降溫。

糧食作物透過混農林業，還獲得了另一個意想不到的好處，也就是液壓抽水機。樹根能夠將土壤深處的水分抽到地表，不分你我，嘉惠了定居於同一塊土地上的其它作物。

穀物、馬鈴薯與其它植物的根系，主要分布於土壤的淺層區，非常不湊巧，乾旱時，最先被烘乾的也是這一區的土壤。夏天豔陽高照，你要是發現家中院子的土壤顏色變淺，質地變硬變乾燥，很多時候，只要繼續往下挖五到十公分，就會發現深一點的土壤，並沒有被曬乾，仍然保有足夠的水分。依土壤屬性不同，有時候甚至到數公尺深的區域，也都是涼爽潮溼。人工種植的糧食作物，卻只能在淺層區乾瞪眼，因為禾本科植物的根部，無法長到土壤深處吸收水分。

相對之下，樹木就不一樣了，根部能夠往土壤深處生長，將地底的水分往上抽送，畢竟一棵成熟的老山毛櫸或老橡樹，體積龐大，重量超過二十公噸——夏天每日都要喝幾百公升的水才能解渴，它們透過樹根，還有與真菌共同合作，日日夜夜都能從土壤裡吸收非常大量的水分。白日的用水大戶，就屬樹葉工廠了，樹葉藉由二氧化碳與陽光的能量，分解水分子後生產糖分，不過最大量的水分消耗，卻是蒸散作用。水分子透過像人類毛細孔般的葉背氣孔，散逸至大氣中，同時也吸收周遭空氣熱量，調節附近氣溫。

夜晚樹葉工廠停工，樹木地上部的組織則是一片靜悄悄，唯一的例外是：樹幹體積會比白天腫脹一點點，因為樹葉停止了消耗水分。[151] 樹幹細胞內外，不斷堆積組織液，直到再也放不下為止——樹幹由堅硬的木質細胞構成，特別沒有彈性，無法忽胖忽瘦。但樹根在晚上卻不曾休息，繼續往地上部泵水，美國綺色佳常春藤盟校康乃爾大學的學者陶德．道森（Todd E. Dawson），為了瞭解這一點，以美國本土的糖楓（Zuckerahorn）為研究對象，他發現樹木腳下的土壤，從土表到根部五公尺附近，夜晚時會變得比白日潮溼。

樹木耗時耗力啟動液壓抽水機，也是為了自己。土壤的表層，常常被富含養分厚厚的腐植質覆蓋。腐植質主要由微生物分解落葉枯枝產生，表土區密度最高，蚯蚓和其它動物因此特別喜歡躲在裡面生活，大吃特吃，動物消化後排出的有機養分，只有溶解於水中才能被植物吸收利用。增加土中養分的肥料製造商——多麼聰明又實際的機制——居然就是樹木自己。

溼潤的土壤有助生態多樣性

在大部分的歐洲闊葉林裡，學者也發現了液壓抽水機的現象。學者選定了山毛櫸與橡樹的幼齡混合林，進行研究。為了模擬乾旱的氣候條件，學者將實驗樣區內一部分的森林用遮罩蓋起來，阻絕雨水落下，使得土壤缺水乾燥。接著他們在樹根根部裝上了聲納系統，不斷發出聲波探測水分的高度。現在研究團隊透過一根細細的長管，將有化學標記的水分子，灌進土壤七十五公分左右深度的區域，並伺機記錄觀察樹木如何反應。橡樹主根常常深達地底深處，所以學者一下子就偵測到，有化學標記的水分子，立刻進入了橡樹樹幹；相較之下，山毛櫸因主根較淺，樹幹沒有出現有化學標記的水分子。

人工注射於土壤深處的水分，沒有擴散到土壤中層，從頭到尾這個區域都是乾燥的。不過，六天之後，化學標記的水分子被偵測到出現在土壤表層。如此一來，我們就可以推測，樹木水分的運輸動力，絕對不是靠毛細管作用的附著力，慢慢上升達到地表——因為如果水分子真的是靠附著力往上爬，前提就是土壤底部到表層，都必須是溼潤充滿水分才行得通。

雖然學者沒發現，兩種樹種間有交換水分的情形，但是他們依舊認為，橡樹在森林生態系面臨乾旱時，大幅緩和了土表缺水的衝擊。至於山毛櫸有沒有因此受益，這個研究並無證據顯示——因為測量樹木水分運輸實在是太複雜了，法國的研究團隊在這項調查中，只測量了四棵大樹。

他們還認為溼潤的土壤，並不只有對樹木有所幫助，整個生態系的生物多樣性，也同樣得到助益。畢竟其它植物、真菌、細菌與土裡其它動物，需要水分才能生存——生態系的動態平衡，是由千千萬萬的生物共同維持，也間接讓即使沒有直接受到橡樹抽水機幫助的山毛櫸，依舊能夠在舒適理想的環境下成長茁壯。[152]

我補充一下森林小知識：天然的演替之下，山毛櫸林不是只有山毛櫸，而是「大部分都是」山毛櫸的時候，樹木才會抱團組成山毛櫸林，只有在山毛櫸純林的邊緣，才有可能出現其它樹種，最常見的就是橡樹。即使上述的研究顯示，兩種樹種互相沒什麼好感，沒有互相幫忙渡過乾旱期，不過，在氣候變遷的情況下，說不定他們在不知情的情況下，其實都互相扶持對方，共同度過難關。

混農林業的可能性

我們回到混農林業的正題：希望樹木在農田裡落地生根，實際上讓它們非常為難，因為農地裡的土質大都堅硬、缺氧，會給它們帶來無止境的困擾，很不幸的，大部分的農地土壤都有硬化的問題——今時今日，誰還會用馬匹犁田呢？農田的每一寸土地，幾乎被沉重的農業機械碾壓了幾百次，夯得結結實實。土壤結構完全被摧毀，若土壤真有復元的那一天，大概也需要至少幾千年才有可能。農地上幾乎只有表層的泥土，可能因為冰霜的凍結作用（水結霜時體積變大，然後會撐開土壤顆粒達到鬆土效果），會再度變得鬆軟肥沃，或是大大小小動物覓食時，也可能不經意鬆動硬實的土表。

但陶德．道森的研究結果還是給了我們新的希望。他的研究顯示，橡樹能夠以它強而有力的樹根，穿過密實的土層，將土壤深處的水分，於夜幕低垂之際，往上泵水送到地表，透過水分在鬆軟的土粒之間擴散傳送，讓附近「淺根」的植物也得到滋潤。[153]

大自然之中沒有巧合，樹木泵水需要消耗能量，它們之所以晚上不休息，在乾燥炎熱的仲夏夜工作，完全是為了自身利益考量。土壤深處的水分，被抽送到樹木靠近地表的細根區，這裡的樹根表面布滿根毛，可以快速大量的吸收水分。隔天一早，樹木喝飽了水，馬上可以「吃早餐」，我指的當然是一早就可以開工，行光合作用產生美味的糖分，享用一番。除了水分之外，樹木還需要服用不同的有機質養分，產生能量，這點它早就想到了，夜晚時溼潤的土壤早早就讓無機礦物質均勻的溶解在水分子中，方便樹根一早隨時飲用。

晚上時，樹木將樹根四周的土壤溼度提高，實在是非常聰明的一著棋。就如同我們照顧家中院子裡的花花草草時，也會使用相同的澆水策略。若你家有前院後院，你就會知道，花圃最適合澆水的時間，也在傍晚太陽下山之後，此時氣溫降低，水分不會立刻蒸發，能夠慢慢滲入土中；明天一早，植物需要的話，也可以馬上飲用。樹木自己制定的吸收水分策略，當然會與人類透過經驗歸納出來的澆水策略相似，還是你認為，樹木一定比人類愚笨呢？況且，樹木是經過仔細考慮能量分配之後，才決定了在夜晚幫自己澆水——你想想，若是樹木選擇白晝泵水，一方面要忙著光合作用，另一方面還要蒸散水分降溫，必須多工作業，非常耗能。將泵水作業排到晚上，就可以從容不迫慢慢進行，讓泵水馬達的功率於白天晚上維持一致，既節能又有效率，至於樹木是在白天或夜晚進行泵水作業，兩者的最大差別，僅僅是水分用途不一樣而已。

如果混農林業持續優化推廣，愈來愈多農民能夠接受，將更多樹木種在農田裡，我們也算是替大自然贏回一點地盤。農田上綠意成蔭的林帶，提供了鳥類棲息哺育的私密空間，還有其它動物也會利用樹幹築巢，或以樹葉樹枝為食，原本飽受人類迫害的公有農牧地上，樹木回歸了，讓大地奪回了一片原本已經消失的野性靈魂——光憑這一點，就已經「值回票價」，非常大有可為了。

樹木對人類生活帶來的好處，如此顯而易見，我們抬頭看看人工林經營區，慣行林業對待樹木的方式，惹出了不計其數不可收拾的爛攤子，為什麼長期下來，林業改革還是鮮有進展呢？難道我們能做的，就只有痴痴等待強硬反對派有天學會用理智思考，最終頓悟願意做出改變嗎？

第2章 皆大歡喜的森林經營？

二〇二〇年秋天，我與許多環保人士聚在一起商討，如何建立具有示範意義的林業經營模式，讓大自然與人類經濟活動能夠永續共存。特別是我們身處人工林被砍伐、火急火燎「清理受災木」、之後馬不停蹄復育造林的時代，我們更應該設計出傳統林業願意嘗試的示範專案，而且我們提出的想法，必須以白紙黑字記下來，讓所有願意改變的業者隨時參考，以便遵循。討論的過程中，有人提問，是否能夠暫時容許使用收穫伐木機，作為過渡措施，光是聽到有人提出這個問題，不需要一秒鐘就能立刻點燃我的怒火。過去這麼多年來，即使部分環保團體對傳統林業妥協，砍伐林木的方式，沒有因此變得往尊重大自然、更小心謹慎的方向演變，相反的，人類的伐木手法變得愈來愈殘酷無情。自一九九〇年起，德國林業界開始大量使用收穫伐木機，使用初期大面積皆伐的伐木量有稍微減少，但目前德國的伐木量，已經是這幾十年來的最高峰，明明森林健康情況已經這麼糟糕了，生態保育界居然還要繼續體諒賺得盆滿缽滿的林場為了生存的種種不得已。近年來，他們的形象雖然有些改善，但林業卻完全沒有因此停止繼續破壞以及摧毀森林土壤。我強烈主張，准許林業使用收穫伐木機作業已經不合時宜了。在我們的討論中，又有人強調，我們應該想方設法讓每個人都同意，我個人認為，森林已經沒有辦法再繼續承受人類鄉愿式的生態保育了。

選擇人工林還是原始林？

我們若是希望有一天能夠等到各方各面都同意新的改革，等於就是拖慢改變的速度，因為直到最後一個人點頭前，就像外甥打燈籠（照舊），沒有任何改變。抱持討好所有人卻因此失敗的例子比比皆是，在過去幾十年來，目前政府的環境政策，都在等待最後的懷疑論者同意。即使科技不斷進步，全球二氧化碳排放量還是直線上升；即使全球新冠大流行，也沒有讓環境政策轉了一百八十度的方向。

光是隨意檢視非政府組織（ＮＧＯ）保護森林行動的進展，至今仍是效果欠佳。環保團體已與林業代表進行了無數次的對話，甚至還發動非常激進的抗議活動，但整個林業體系卻以蓄意的無知，持續忽略森林保育價值優先產業價值的事實。我不斷的強調，德國目前大面積皆伐的伐木量，已達到了幾十年來的最高峰，儘管德國每個聯邦州的法律規範，白紙黑字寫著森林經營以保護自然為最高宗旨，而不是木材生產，卻仍然阻止不了每年伐木總材積一再的創新高。當然，還是有非常少的林場，規規矩矩按照法規經營，例如漢撒同盟城市呂貝克（Hansestadt Lübeck）的林場，是極為罕見的模範森林，很不幸的，也是滄海中「最經典」的那一粟。至於其它屬於「茫茫大海」的林場，以愈來愈殘酷方式對待森林，例如更頻繁使用大型重機械作業，甚至到了利用直升機，以前所未見的規模噴灑農藥（毒藥），用以預防病蟲害發生。

不過，現在不是討論誰是罪魁禍首的時候，我們應該把心力放在找尋解決之道之上。首先，我們要避免陷入轉移焦點文字戰；接著，我們必須客觀的進行分析，行之有年的傳統管理方式，到底出了什麼問題。非常令人惋惜的是，看出上述兩處癥結點的林業專業人士，完全是鳳毛麟角——因為主事者早就拍板定案，歸咎給氣候變遷。不過，現在身為林業門外漢的普羅大眾，平時到森林散步時，也都發現了人工管理森林成效不彰，大面積的森林接二連三死去，擺在那裡，騙不了人。其實綠色森林看守人[73]之間早就傳遍了，有些該發生的事情就會發生，只是時間早晚而已。

但森林相關產業依舊不斷重申，關於大面積枯死的針葉林，完全是跨世代的共業，不該只讓他們這一代承擔。德國在第二次世界大戰之後，急需要大量木材重建被摧毀的城市，所以森林主管機關才會鼓勵大家種植大量的雲杉、松樹的單一人工林。為了驗證這個說法，我們先排除，大量種植針葉樹種人工林，在二戰後這段八十年和平的期間，腳步也從沒有停下的事實；再來，遠早於第二次世界大戰發生之前，德國林業早有使用針葉樹種造林的傳統。美國林務官與環保人士奧爾多．利奧波德[74]在大

73 作者指的是林務官。

74 Aldo Leopold（1988~1948），美國生態學家、林務官和環境保護活躍人士。

約一九三〇年代時，造訪了他祖先的家鄉德國，那時候他就發現了，受眾人讚揚蒼松翠柏的德國森林，主要由非本土樹種針葉樹人工林組成，而可憐的野生動物，則是被「關」在這些人工林裡專供人類狩獵取樂之用，他將觀察到的問題稱為「德國窘境」，而這個具有德國特色的麻煩，直到現在還沒解決。

林業單位希望能夠將人工林再度轉成原始林的林相改良政策，只是雷聲大雨點小，根據二〇一二年最近一次德國聯邦森林資源調查，推行效果差強人意。德國最重要的本土樹種，山毛櫸與橡樹，總共只佔德國森林約百分之十到十五左右。若是林相改良已經認真執行幾十年了，我們應該能從統計數字看出，許多樹齡二十年左右的闊葉樹種幼齡林比例呈現顯著增加才對，但是調查數字並非如此——森林資源調查的結果，闊葉樹種林相的百分比，只佔了大概百分之六或百分之十二（依定義而有所不同）。[154]所以我們可以說，自從美國林務官奧爾多．利奧波德在二十世紀拜訪德國後，德國林業一直是故步自封，毫無改革創新，經營方式跟幾百年前沒什麼差別。

保護森林的結盟活動

那我們到底要怎麼解開這個戈耳狄俄斯繩結[75]呢？難道我們也要拿劍劈開，或是

75 Gordischer Knoten，一般作為使用非常規方法解決不可解問題的隱喻。根據傳說，這個結在繩結外面沒有繩頭。亞歷山大大帝來到弗里吉亞，見到這個繩結之後，拿出劍將其劈為兩半，解開了這個問題。

跟呂貝克林管區（Stadtforstamtes Lübeck）負責人克努．施都爾曼（Knut Sturm），在廣播電台接受訪問時的回答一樣：「我們應該從林務官手上奪回森林，讓他們無樹可養！」[155]這種激進的手法一定行不通，但我們真的迫切需要受過「天賦樹權」啟發的林務官，找出與地球綠色之肺和平共存的方式。這條路可能非常漫長，或許前面仍有重重阻礙，我們其中有些人很快將會踏上這條路，關於這點我會在下一章詳細說明。然而，新一代的林務官可能來不及對正在默默受苦的孱弱森林施救，一旦其中許多參天老樹被砍伐後，森林通常需要數十年或數百年才能復元，回到勃勃生機。但我們已經沒有時間了，我們必須以民主制度裡賦予人民的權利來保護森林：上法院。

提請訴訟是否真的能夠保護森林，兩個環保團體「薩克森綠色聯盟」（Grüne Liga Sachsen）與「自然保護與藝術——生生不息的河谷低地協會」（NuKLA）已經做了急先鋒，為了森林提告，負責審理的法院也做出了適當的判決。上述兩個環保團體，將萊比錫市告上法院，提告的原由：違法砍伐萊比錫城市所屬，中歐地區僅存面積最大河谷低地的森林。萊比錫公有的河谷森林，面積大約二十五平方公里，遍布支流、池塘、溼地，還有許多天然水道，所以你應該可以想像得到，林務官與林業專家樂於助「林」的情緒在這裡特別沸騰，於是他們雇用了許多伐木工人，進進出出移除老樹，讓陰暗的河谷森林能夠重見天日。萊比錫的河谷低地森林，屬於歐盟自然保護區，若是林務單位要在此進行伐木作業，必須先通過環境影響評估後，才能執行。萊比錫市的林管區因為沒申請環評，行政上有所疏失，被兩個環保團體以此告上法庭。二〇二〇年六月九日，德國邦高等行政法院—包特城（Oberverwaltungsgericht Bautzen）做出破天荒的判決：地方林管區必須立刻停止正在進行的伐木作業，而且從此刻起，林管區的任何人為措施，都必須嚴格遵守歐盟自然保護區的規範，任何育林撫育作業，也必須告知環保團體並與其提前協商。[136]

我們既然聊到了歐盟自然保護區的話題，那我們也來談談我之前提過的「聖殿」——德國最古老的山毛櫸林保護區，也是受到歐盟法律保護的森林。雖然說，法治國家下，人人都應該奉公守法，可惜地方的林管區卻對此不以為然，公家的林業機關，反而毫不尊重森林享受的法律地位。林務官持續砍伐保護區內具有高經濟價值、高大挺拔的山毛櫸，造成保護區裡部分的景觀，林相變得灌木叢生[76]，樹小枝細，讓人快認不出來這是森林保護區了。人為的濫砍濫伐，讓「聖殿」付出了非常慘重的代價，因為「聖殿」保護區面積只有六十七公畝，森林生態系規模若是太小，便無法在炎炎夏日自行降溫，或是穩定空氣及土壤裡的溼度。若我們希望，森林依舊能夠自行調節棲地氣候，保護區的外圍，必須有一整圈的綠帶圍繞作為緩衝，但對「聖殿」至關重要的綠帶，現在卻遭受到大規模砍伐。

艾伯斯瓦得科技應用大學的皮耶雷．伊必敕教授找了律師幫忙，想要知道伐木的法律依據，但地方的林管區工作站不理會他與律師發出的存證信函，於是我們在二〇二〇年十二月時，將伐木爭議披露在我社群媒體的粉絲專頁上，因此吸引了兩家電視媒體以及一間報社報導這則新聞。隨著輿論喧騰，梅克倫堡－西波美拉尼亞邦的環境

---

76 作者指高大的老樹都被砍伐，只剩下細瘦矮小的年輕山毛櫸，像灌木一樣。

部部長巴克浩斯（Backhaus），不得不出面了。他想要挽回媒體報導所造成的傷害，他任職的聯邦州產業型態，主要是靠觀光產業維生，所以他約了我們一起開了場線上記者會，整件事的結局是：整個區域的伐木都被禁止了，而且他還下令成立專門工作小組，考慮如何擴大保護區範圍。

對我來說，上述事件就是微小個人對抗官商權勢的最佳典範，我們從中可以學習到，或許螳臂當車並不是每一次都以失敗作結。而整件事情之所以能夠透過社群媒體發酵，主要是因為我的粉專上，很多人都支持這篇發文（或者應該這麼說：得到了很多的讚）——所以，每個讚都至關重要。

保護樹木就是剝奪就業機會？

我們不能讓奇蹟似的勝利沖昏了頭，被逼到牆角、退無可退的林業，還有最後一張底牌，準備在碰到險境時就打出來，操弄民眾的情緒，讓大家自動跳過邏輯停止思考：人工經營森林，提供了許多工作機會。不管我到哪裡參訪時都看得到，綁架情感這套策略，不管是在加拿大、波蘭、瑞典或德國，只要主政者一喊出這個口號，任何殘忍的大面積森林皆伐，突然就會拿到通行證，開了綠燈通過。或許德國民眾都還記得，那場關於是否要淘汰煤炭的政治較量：那時政治人物也是利用了產煤區民眾的恐懼，利用民眾害怕可能失去原本生活方式的不確定感，鼓動他們上街抗議；街頭上情緒高張的民眾，根本無法好好思考理解，若繼續開採煤礦發電，對全德國或全球的環境生態，可能造成更多難以彌補的損失。整件事鬧到最後，當時的政府只好承諾，願意提供上億歐元為單位補助金給煤礦經營業者，抗議才得以平息，並且願意讓政府將逐步淘汰煤礦定為施政目標，設定逐步淘汰的時間點（雖然我覺得還是太慢了，其實愈快愈好[77]），並寫成白紙黑字。對我來說，許多加劇氣候變遷的產業，例如林業，倒是可以參考淘汰煤炭的藍圖，一步步退場或是進行轉型。林業因原料少（森林面積狹小），對德國經濟規模來說可有可無，與大型的能源、電力公司比起來，不可同日而語。但森林卻是小兵立大功的最佳典範，因為樹木獨特的生態機制，林業政策比任何產業還能夠影響局部地方的水文天氣，大家只要想想，我前面提到的森林降溫效應，以及造雨能力，就知道我在說什麼。林業的選票雖然微不足道，但是森林議題弄不好，常常造成很多負面效應——所以當權者面對這個燙手山芋，都是以把弊端下壓、息事寧人為主（因為會抗議的人不夠）。於是林業的相關人士碰到急需主政者出手解決的緊急狀況時，就想出了一套策略，與受到鳥類威脅的青蛙非常類似：青蛙這時會舉起兩隻前腳增加身體的高度，同時還會把自己的肚子吹得鼓鼓，結合兩者以虛張聲勢。

林業的大肚子，就是森林林產產業群。上述的產業群，完全是一個林業說客自行幻想出來的組織，將不同產業連接起來的虛擬結盟。他們這麼做的原因，當然是林業相關人員太少了，政治分量不足掛齒，於是他就發揮創意，將所能想到的相關產業都

77 德國新政府以二〇三〇年前淘汰為目標。

算進來，連跟樹木八竿子打不著的產業，沒問人家的意願，也納入了森林林產產業群。我們來看看，這個產業群有哪些人，林地裡的工人、林務官、鋸木廠的工人——這些雇員屬於合理歸類，從事這些行業的人員大概是十一萬人——以德國就業市場規模來說，人數非常稀少。為了增加政治分量，林業說客把雇用人數眾多的家具製造業、造紙工業還有出版業也算進來，我註明一下：林業政策的制定者把這些被產業包進來的時候，沒有問過他們是不是想加進來。當我收到出版社的邀請時，我都會帶著惡作劇的心態，調查他們是否知道出版界屬於森林林產產業群——跟我接觸的出版界人員，沒人知道他們被劃成上述的產業群。

林業說客在紙上統一了不知情的其它產業後，森林相關產業的雇員到達了一百一十萬人，總共多了十倍——成功了！[157]現在產業工會的政治分量變得不可小覷了；是時候將創造工作機會的論點放上檯面，肆無忌憚地操縱民眾的恐懼，用以對抗提倡「天賦樹權」的環保人士。畢竟只要少砍一棵樹，就少了一堆工作機會啊！

大衛·鈴木（David Suzuki）是加拿大著名的環保人士，他告訴我一個小故事，讓我覺得加拿大的伐木工人，比起林業主管機關，要直接誠實多了。大衛有一次為了拍攝影片，到了溫哥華島的伐木基地，很快的從營地走出三位壯漢，試著將他與攝影團隊趕出基地範圍，不過出乎他們意料之外，拉拉扯扯之間他們居然找到話頭開始閒聊，大衛試著向他們說明：「沒有任何環保人士反對伐木產業，我們只是想確保，我們孩子還有孫子，都還有樹木可以砍伐！」然後其中一位伐木工人直接回他：「我的小孩才不會當伐木工人，因為那時候已經沒有樹可以砍了！」[158]

我個人對這一章標題問題的回答，長話短說：不，我們沒有皆大歡喜的森林經營方案。如果我們繼續等待，最後一位強硬反對派點頭同意我們提出的改變，我們想要的改革最後就會被稀釋、削弱到好像什麼都沒變。反對派已經有了幾十年的時間，來證明他們能夠好好管理德國大眾交到他們手上的森林。現在森林出現危機，健康情況江河日下，已經證明了他們的管理一敗塗地。誰要是在這麼長的時間裡，都沒成功使得森林蔓延擴張，欣欣向榮，只剩下兩個選擇：一個是承認錯誤，改變他們目前為止的所作所為；另一個是為失敗負責，辭職下台，讓別人來試試看，以順應樹木天性的方式經營，並與自然共存。

我們沒有下一個幾十年，看看林業政策的主事者，是否有一天終於能夠成功，改善森林的健康。不，森林需要新氣象，只有將整個林業體系砍掉重練，才有成功的可能。

清新自然的改革風已經吹起了！

第3章 林業新氣象

是時候將林業徹頭徹尾革新一番了。若想要把舊有體制改頭換面，從系統內部開始改革，不是最有立竿見影之效嗎？想要改變與我同齡的老頑固，常常百折千迴，效果不彰，所以我們何不直接從林業新血著手，以全新的觀念和想法啟發他們，最後運用到職場上呢？目前為止，即使各大學並不同意我的看法，我認為目前招生中的森林相關學系，教學內容屬於以慣行林業（konventionelle Forstwirtschaft）為主，屬於林務官的養成體系；包括畢業後在各聯邦林管區進行的林務官預備期，或者林務官實習期，念茲在茲都是在想方設法，讓林業新血變成優秀「養樹場的專業經理人」，進而拿到林業公務員的資格。林業專業人員的訓練過程，從來沒有以森林生態平衡為重；更不用說，官方的林政系統，透過森林主管委員會，甚至有權決定各大森林相關學系的教材。森林主管委員會的成員，由德國聯邦政府與各聯邦州林務機關的最高負責人組成，他們定期開會討論，全國性或跨區域的政策，其中包括各大森林院校的施教內容，他們負責決定未來林務官應該具備什麼技能，為此委員會制定了整套教育大綱，要求各大學遵守。除此之外，前面我已經提過，官方林務主管機關不僅壟斷了木材市場，也壟斷了林業就業市場——林業圈圈子很小，政府施壓的方式，只能說是層出不窮，而且相當有創意。

我們從一些林業用語就可以觀察到，政府如何以縝密周全的手段達到他們想要的目的。例如，林業教育充分利用了心理學上的框架效應[78]，洗腦林業新血，他們稱森林為天然木材資源原料工廠，而不是自然生態系。

林業人員進行造林作業，不會說他們今天要種針葉樹苗或是闊葉樹苗，他們用的說法是，「使用」針葉材或是闊葉材造林，你可以試試看心理學的框架效應多麼強大：我們沒辦法種出木材，或我們若將木板種在土裡，木板絕對不可能發芽。如此弔詭的遣詞用字，就好像養豬農宣稱，他打算買很多豬排養在豬圈飼養。

隨著時間過去，當樹木長到官方規定的高度樹圍時，林業人員依舊不會將樹林視為生態系的一部分。最具代表性的專有名詞就是立木材積量，指的是活著的樹木每公畝所蓄藏木材體積，所以森林等同於天然的巨型木材倉庫，林務官就是倉庫管理員。他們唯一的任務，僅僅是監控倉庫木材儲量，若是數量不足時，補種樹木增加材積；若是樹木生長超出預期，就多砍一些減少材積。木材倉庫管理員還將古老的參天巨

78 Framing，心理學中的框架效應，最早在一九八一年由阿摩司・特沃斯基與丹尼爾・卡內曼提出。指的是，相同的問題若使用了不同的描述，人們會選擇乍聽之下較有利或順耳的描述作為方案。此處作者是指，當以獲利的方式提問時，人們傾向於避免風險；當以損失的方式提問時，人們傾向於冒風險。

樹，歸納為「在欉紅」（Hiebsreif）木材，如同草莓膨大變紅後，可以、而且必須採收一樣。然而，樹木與熟透草莓最大不同之處是，木材倉庫管理員定義成熟可收穫的樹木，連它自然壽命的三分之一還不到，所以人類收成的是「綠色的果實」。樹木是否已達到「在欉紅」狀態的定義，依林務局的規範而定，而林務局則是會隨木材市場的需求，滾動式更新年齡以將販售時的利潤最大化。樹圍粗大、挺拔蒼勁的山毛櫸與橡樹，如同崑山片玉，是大自然創造的美好生物，卻被林業分級成原料產品，如果樹木長到一定的直徑，還會被打上「使用期限」的日期，意思就是樹木膽戰心驚的等待殘酷伐木手段降臨，執行死期的日子已經被排定了。

為了減輕林業人員的心理負擔，森林系學生在就學期間，常常會聽到許多把上述行為合理化的故事。雖然說，仍然有許多在職的林務官不想要大肆伐木，希望能夠好好保護森林，但當他們想要這麼做時，同儕或長官便會勸他們，我們只是依法行事，森林法上不是寫了，不得為了利用木材砍樹，我們是在照顧樹木，況且我們說不定還幫了活在父母樹陰影下的小樹苗一把，擺脫了餓得奄奄一息的命運。掠奪森林資源的「除罪化」，帶來了更嚴重的附加損害，林業人員現在又玩起文字遊戲，將砍伐古木稱為「森林年輕化」。畢竟將森林的平均年齡拉低，總比宣稱摧毀古木根部互助網絡還要順耳，與此相關的種種用語，現在我光是列出來，就已經達到了我想要挖苦林業的目的，林業專業人員稱除草、修枝、疏伐等等措施為「育林撫育」，用大白話解釋，差不多如同屠夫肉販宣稱，他們的所作所為是在照顧獸欄裡的家畜一樣莫名其妙。

林業專家成了官方代言人

林業人員於求學期間不斷重複被洗腦，森林只是生產木材的工廠，他們進入專業生涯後，便很難被大自然的神奇美妙之處感動。使用重量高達幾公噸的林木收穫機，開進森林砍伐樹木，碾壓破壞了森林土壤，突然移除生態系中大量的生物量，都變得稀鬆平常，沒什麼大不了。而林業新血最缺乏的專業知識，就是認識瀕危或珍稀物種的相關資訊，在官方制定的森林系教育大綱裡，可沒有提到過一星半點。我的瑞典好友塞巴斯丁・基爾浦（Sebastian Kirppu），非常同意我這個觀點，他教會了許多瑞典林務官，認識森林有哪些珍稀物種，例如說有些地衣是非常罕見的，而就是因為這些地衣，很多瑞典森林都被列入保護禁止砍伐，因此塞巴斯丁也變成了瑞典最受人痛恨的環保人士之一。

而且若是有些林主，對林務局宣揚的觀念或作法有異議，他們幾乎沒有機會詢問第三方的意見。主要是因為大部分自由工作者的林業專家[79]，他們在求學時間還有職業生涯之中，接受的也是林務機關的「磨練」。他們給出的獨立評估，幾乎跟念祈禱文一樣，直接按照林務單位的官方版本照本宣科。

關於這一點，我管轄的威士賀芬林區，有幸親身經歷林業體系無遠弗屆的影響

---

79 在德國若是念森林系不當公務員，基本上只能當自由工作者，接公家機關或是私人林場的案子，因為除此以外，就沒有其它出路了。

力。那時我們想要將法律規定的二〇一八年森林資源調查，交給自由工作者的林業專家進行，林務局官方的指導方針，規定林區要朝有同齡林（Altersklassenwald）的方向經營，意思就是年齡林分相同的森林，那時我們不想要經營人工創造的同齡林，所以鎮公所就在渥雷本森林學院的建議下，委託了一位自由工作者的林業專家，提供專業獨立的意見。但我們卻萬萬想不到，這位專家的獨立評估，居然讓人大失所望。在一場讓人非常「難忘」的會議裡，他的專業意見讓人印象「深刻」，他認為威士賀芬鎮的公有林，受到森林學院的鼓吹，已經慢慢變成了以闊葉林為主的林相，很不幸的，針葉人工林的面積卻一直在減少，為了不要輸掉與其它林場之間的競爭，這位專家因此建議，鎮公所應該多多種植雲杉與花旗松人工林；至於古老的山毛櫸林，他建議應該大量砍伐。為了不要讓大家誤會，我補充一下：這個獨立報告調查時間點是二〇一八年的五月，在德國發生連續三年破紀錄的夏季乾旱之前。但現在因為乾旱連年，雲杉人工林大量枯死，林務局也在這場森林危機後宣布，要終止使用雲杉種植人工林。想當然耳，威士賀芬鎮的委員會並沒有採納這位專家的「客觀」評估。

創辦新科系培養新思維的學子

許多年來，思想開通的林務官也常常在討論，社會需要成立新的「有機森林經濟管理系」（Ökologische Waldbewirtschaftung）。林業需要新氣象，讓林業的就業市場上，未來能開出不同於傳統林業經營的職位，我與其它人一起成立屬於民間團體的森林學院，也多次討論過這個想法，不過那時我們剛剛創設，推動成立新的大學科系，並不是公司最優先考慮的項目。

但夢想成真的推手，往往來自出人意表的角落。二〇二〇年夏天，德國人文地理雜誌《視界》（*GEO*）的編輯團隊到我住的地方進行訪問，他們的主編顏斯・施若德（Jens Schröder）與馬克斯・渥夫（Markus Wolff）也一同到訪，因為顏斯想要看看森林學院新蓋好的建築，接著我們一起用午餐，然後討論《渥雷本的世界》（*Wohllebens Welt*）這本雜誌的未來，在當今各大雜誌銷售量一落千丈，我們是否要繼續出版這本雜誌。還好，與社會潮流的大方向不同，我們這本雜誌的銷量持續增長（大聲歡呼！），所以他們與我敲定了，在二〇二一年也要繼續出版。我們在編輯團隊下榻的飯店前廊閒聊，不只遵守了新冠疫情的規定，還可以順便遠眺阿倫貝格山[80]的美景。這座休眠火山的山峰，覆蓋著蓊蓊鬱鬱的闊葉林，當我們飯後捧著咖啡小啜，一邊讚嘆著綠意無限的生態美景，一邊天南地北閒聊，顏斯・施若德那時隨口問我，我還有什麼夢想沒有完成。

說實話，我真的不記得我到底說了什麼。然後，就在我們見面幾週後，顏斯寫了封電子郵件給我，他想要替我達成創立新學科的夢想。他的建議：我們先跟皮耶雷・伊必敕教授合作，找到出資者，然後再找到願意成立新科系的科技應用大學，一步一步來，應該就能水到渠成了。我心中一顫，因為我突然領悟到，距離實現我的夢想，

---

80 Aremberg，萊茵蘭－普法茲阿爾韋勒郡的山丘，高於海平面約六百二十三公尺。

僅僅只有一步之遙了。

認識我的人都知道，我向來以執行力雷厲風行著稱。特別是當我相信，這個改變能有所幫助，並且讓整體情況往好的方向發展時，不管這件事在大家眼中有多麼瘋狂，我依舊可以挑燈夜戰，只求迅速把新點子落實。一九九〇年代，我在當時管轄區的林區，舉辦了多場的求生訓練，獲得的收入全數用以改善公有林區因為停止採伐老山毛櫸林以致收入銳減的情形。我堅持要保護的古老山毛櫸，本來其實應該被砍伐販售，以替小鎮創造稅收，但我成功的說服小鎮官員，我會想其它方式，補貼因保護森林而減少的地方收入。那時地方觀光處雖然拒絕一同舉辦求生營，而且地方林管區以及森林工作站，也被我搞得很焦頭爛額，但他們還是以非常開放的心胸，容忍我在公有森林舉辦活動。結果「艾費爾山脈求生營」非常轟動，看來林務官帶著平民百姓，漫遊於森林中多日，只靠樹根與蟲卵維生，對許多電視媒體來說，非常有報導價值。求生營所帶來的廣告效應與營收，讓小鎮公庫與我都沒有什麼好抱怨了。

成立新科系，當然跟舉辦求生營不可同一而論，但也在另一個層次，創造了新的契機。我們先來聊聊契機，光是這個科系的存在，就能發揮最大的價值了，因為我們打算將這個學系命名為「有機森林經營管理系」（Ökologische Waldbewirtschaftung）——那民眾心中就會立刻升起疑問，其它森林學系到底具有何種屬性偏向呢？已經存在的森林學系，立刻會被迫歸類為古典保守的慣行林業，就像在大眾認知裡，已將慣行農業與有機農業區分開來一樣。

讓我始料未及的是，我們居然一下子就找到慷慨的贊助人，願意資助成立新科系，負擔最基本的行政主任與兩位第三方贊助教授[81]職位的薪資，如此一來，若我們找到願意成立這個科系的科技大學，對大學本身幾乎不用負擔任何額外的成本。

那我們應該在哪一所大學成立這個科系呢？當然是以永續發展以及生態環境為宗旨的科技應用大學，所以我們選中了艾伯斯瓦得永續發展科技應用大學。這間科技大學是德國最小的大學之一，但是在研究森林相關的主題上，具有革命者的名聲。既然決定了，我們就立刻行動。二〇二〇年十二月，我們與大學開了第一次的討論會，接下來發生的所有事情，就跟捅了一個大型馬蜂窩一樣棘手，麻煩一個接一個。新科系隸屬的學院，不顧科技應用大學院院長還有校務董事會的意見，連討論是否成立新科系都不願意，還直接將所有應該保密的資訊洩漏出去，激起了許多內部惡意的批評。我們前面提過，林業的圈子非常小，但我們的計劃，不但在林業學術界，也在大眾社會之中，引發了許多不客觀不理性的反對聲浪。還好顏斯・施若德早就料到會如此，做了嚴肅公正的平衡報導，因為這也是我們計劃的一部分：我們想要激起社會大眾對森林、還有利用森林資源，進行廣大而深入的辯論。

不過，林業產官學界之所以用骯髒手段反對新科系，在於他們害怕大眾對於原本的森林相關科系觀感變差。包括科技大學與研究型大學森林相關學系簽署的聯合聲明裡，隱晦的暗示了年輕學子不該就讀這個新科系——畢竟在已有的森林系裡，森林生態學也是教學重點。若真的是這樣，那我們新成立的科系不就是多餘了嗎？那些有著

81 德國公立大學可以有私人資金贊助的教授職位。

傳統森林系的大學，應該什麼都不做，只要抱手站在一旁等著看好戲，等著我們這個新成立的科系，將會連年招生不足，最後慘遭裁撤才對。我在這裡補充一下辛辣的內幕：若光看這份多所大學連署的聲明，我們會以為林業全體都堅決反成立新科系。[159] 幸好真實情況跟連署聲明有天壤之別，連署大學裡持相反意見的學者，主動與我們聯絡，向我們表達他們的看法，所以我們其實收到很多正面的支持與回響。

另一個大家擔憂的重點與正在就讀的年輕學子有關，他們是否要擔心壓錯寶了，未來是否找不到工作了？他們畢業後，如何以剛剛學到的古典慣行林業知識，與以有機自然生態為重的畢業生，一同在就業市場上競爭呢？因為恐懼，人們常常錯估了風險的真實模樣；我們計劃中的新科系，每年大概招生名額，只有區區二十到三十人。

即使我們從未打算與其它大學競爭，外界依舊將這盆髒水潑到我們身上，認為我們打算讓眾多莘莘學子畢業即失業。其實古典正統的慣行林業，早已走到了漫長自毀之旅的終點，而且連普通民眾都察覺到了。畢竟任何人只要到森林散步，放眼望去，四處都是令人怵目驚心的皆伐跡地，「森林保育」騙局的馬腳，早已暴露於光天化日之下，到處可見。話說回來，最有資格評鑑出身於慣行林業林務官工作成果的考核官，就是森林本身——其實傳統林務官的工作結果，只有兩種：不是故步自封，繼續使用不合適的經營森林；就是發現求學期間所學到的知識，完全沒辦法幫助改善森林危機，說實話，若樹木負責對林務官打考績的話，我猜很多林務官可能會收到「不勝任現職」的考評，然後被撤職查辦。是時候改革林業教育系統了！我們應該替年輕學子做好準備，面對他們可能會遇到的森林經營挑戰與難題，不管是林業切入的角度，或是經營管理林業的方式，必須從頭到尾都要革新重整。還好，一切都還沒有太遲，不管我們已經對森林生態系造成了這麼多傷害，它仍然非常強大穩健，因為它具有超乎人類所能理解、不可思議的生命力[82]。

82 根據《視界》雜誌二〇二一年十一月十五日發布的新聞稿，艾伯斯瓦得永續發展科技應用大學已經確定成立新科系，但是名稱稍有更動，科系名稱為「社會暨有機森林經營管理系」（Sozia lökokogische Waldbewirtschaftung），預計二〇二三年招生二十人。

第4章 森林回歸

我特意在這本書最後一章，才告訴大家這個好消息，只要我們堅信「天賦樹權」，森林終究會回歸大地。

即使定居在空盪盪、稀疏森林地裡的樹木，日子相當艱苦難過，想要形成森林群落是難上加難，但目前我們還看得到樹木的地點，森林都能夠自力更生，自行復育，不需要人類煩惱。身經百戰的森林，早就發展出能夠自行療傷的強大生命力，畢竟地球上的自然災害，以每幾十年或幾百年的頻率發生，樹木若沒辦法適應此種環境，便難以在殘酷的演化競爭之下，屹立不搖，至今仍枝繁葉茂。至於自然災害發生頻率（當然以樹木的一生來計算），依樹木生長地理位置有所差異。北美東岸的闊葉林，受到天災侵害非常頻繁，因此北美東岸的山脈呈南北向，南方的暖空氣與北方的冷空氣，常常有機會相遇，必須平衡熱量差異，所以高強度的氣旋風暴常常發生[83]。歐洲的阿爾卑斯山則呈東西向，所以西歐地區很少發生如此嚴重的自然災害。定居在美洲的山毛櫸、橡樹或楓樹，在被下一個龍捲風連根拔起前，常常都還沒活到一百歲。

歐洲的情況就大相徑庭：歐洲原始林的闊葉樹種，傾倒死亡之時，常常都已經活了五百年左右，或是更加長壽。強烈風暴過境時，大面積將幾公畝的樹林連根拔起的情形，在歐洲大陸上實屬罕見，不過偶爾也還是會發生。只要沒有任何人為干預，樹木群落便能自然復育，再度呈現一片草木蔥蘢的景象。

但是大部分的民眾，對於森林提供的免費生態服務，或是說志願提供的生態服務，沒有興趣也不想瞭解。有些人工林地的地主堅持種植他們熱愛的針葉樹種，如此執著的感情，若針葉樹有感覺，想必會感動得無以復加。多年來，我觀察到我轄區附近雲杉的人工林，大面積枯死病死，不斷上演最常讓林業左右為難的傳統戲碼，不過，這也是另一個契機的開始。

二〇一八年夏天，樹皮甲蟲從某個林場角落開始進犯雲杉人工林，遠遠望去，就可以看到雲杉林相某個角落，白得發亮，因為樹木都枯死了。雲杉與樹皮甲蟲進行了生死搏鬥，針葉慢慢從綠色變成紅褐色，不過人工林林主的理智，卻不曉得是否被不知名的情感蒙蔽，他雖然清楚知道，最佳作法應該是什麼都不做，保留枯死的雲杉——眾所皆知，樹皮甲蟲不會攻擊枯木，但我的鄰居為了讓林地看起來乾淨整潔，

83 例如龍捲風。

還是將病死雲杉統統砍除。春去冬來，強度不大的溫帶氣旋過境，缺了一角的人工林，卻讓風暴找到最佳切入點，原本長在林地邊緣，體質強健能夠降低風阻係數的雲杉，受到了樹皮甲蟲危害，被林主砍除運走後，造成了原本長在後排抗風力較弱的雲杉，反而變成第一排受到風力衝擊的樹木，在側向的受風力突然大增的情況下，想當然耳，缺了一角的後排幾百棵雲杉，像骨牌一樣，一個接一個傾伏倒地。隔年春天，林主依舊堅持林地要保持乾淨整齊，再度馬上移除了倒伏木，惡性循環從此便再也停不下來了，接下來的冬末時分，又來了溫帶氣旋，颶風吹倒了更多殘存的雲杉。

德國的木材市場，因此湧進許多經營不善人工林清除的倒伏木，價格變得有行無市，跌跌不休也找不到買家——因為很多人工林一直上演這樣的惡性循環。沒被風暴吹倒、存活下來勉強支撐的雲杉，則是繼續受到樹皮甲蟲攻擊，林主發現後，反而又加快了清理林地的枯立木速度，最後人工林地上變得一棵雲杉都不剩了。林地上只剩下被颶風吹翻傾倒的根盤，見證這裡曾經發生過的天災人禍。面對空空如也的皆伐跡地，我的鄰居是不是應該稍微靜下心來，好好思考，或許應該嘗試其它作法，以得到不一樣的結果？不，他堅持繼續栽植雲杉人工林，這次還加上了花旗松，我一邊觀察他的行為一邊搖頭，百思不得其解，為什麼同樣是林主，他卻不斷重複如此愚昧的行為？

二〇二〇年的春天，我的鄰居秉持著對針葉樹種的愛意，堅持在生機盎然的闊葉樹小苗與雜草叢中，種上一排排的針葉樹苗。大自然很熱情的向林主招手，想要提供免費復育山林的服務，不過我鄰居對此視而不見，堅決要保存每一棵針葉樹。春末夏初之際，他進行刈草，小心翼翼沿著排列整齊的針葉樹苗，除去朝氣蓬勃的雜草灌木。大自然對於他的行為很快有了回應，五月倒春寒的晚霜降臨，把雲杉頂芽都凍傷了。若是小樹苗周圍的雜草沒被刈除，其實能夠替雲杉帶來一定的保溫效果，不會直接受到低溫衝擊；接著炎熱乾燥的夏天到來，沒被凍死的雲杉小樹苗，缺少了能替它們遮陽避蔭的大樹，所以大部分的雲杉樹苗，連冬天都沒見過就枯死了。大自然免費贈送的樹苗，數以千計的楊樹、樺樹、柳樹或山毛櫸，卻在原本雲杉枯死後的裸露地表，鋪上了一層厚厚的綠毯。

這場鬧劇還沒演完，希望的星芒向來是最後熄滅的。不要忘了，大自然向來都是耐性十足，時間多得是，即使我的鄰居依舊本性難移，隔年再次種下針葉樹苗，不肯接受針葉人工林的時代已成過去式。熱情的大自然，依舊年年向他提供免費的造林服務，他的皆伐跡地上，居然完全看不出受到氣候變遷加劇，夏天的旱澇相煎頻繁的影響，依舊年年能夠長出許多朝氣蓬勃的野生闊葉樹苗，土地公果然比人還要會種樹。我看到大面積皆伐的林地，心情通常會變得特別低落，為消失的森林生態心痛不已，但我每次經過我鄰居的林地時，看到他與大自然的拉鋸戰，都會忍俊不住笑了出來。

說實話，我對於林主患有如此不知變通的「強迫症」，也是見怪不怪了。仔細想想，大部分的林主只是根據林務局的方針，不加思考中規中矩的造林而已。德國聯邦林政科學委員會的主席約根．包胡斯教授，在二〇二〇年時，不顧森林已經存在於地球幾千萬年的事實，堅持不相信自然復育的能力，在一場與《司圖加特日報》（*Stuttgarter Zeitung*）訪問的談話之中，毫不掩飾的展現了傳統林業的傲慢，還有「逆天」經營森林造成的種種問題：「它（指包胡斯教授工作的聯邦林政科學委員會）只會憑著科學證據，對政府機關提出專業的建言，至於無憑無據的論述，例如說大自然具有神奇的復育能力說法，不會列入制定政策時的參考。」[160]我們必須把這句話好好掂量一番，林業政策最重要的顧問，沒有使用任何實證科學方法，就信口開河，指責大自然無法自行復育。如果約根·包胡斯教授是對的，只要沒有人工撫育的森林，一定會接二連三自行滅絕才對。那我想請問，無人地帶的西伯利亞寒帶針葉林「泰加」（Taiga）、熱帶的亞馬遜雨林，到底是怎麼形成的呢？林業目空一切，人類中心主義的態度，樁樁件件說明林業已與現實脫節了。面對氣候變遷帶來的未知挑戰，我們或許應該抱著崇敬謙卑的態度向自然學習，才比較有可能找出和諧共存之道。

從自然走向荒野的轉型

森林回歸的力道之強勁，你其實在自己的花園或是大城市裡都能看到。你可以看看陽台上的花盆，那裡是不是每年都會長出小樹苗，如果你放任家中院子不管，大概十年之後，整個院子就會長出稚嫩的樹林。樹木堅強的生命力，即使夏天乾燥炎熱，樺樹種子仍然可以在屋頂的排水溝裡，或是圍牆的細縫裡，生根長葉，隨風飄揚，怡然自得。

有天我依照森林學院的安排，準備帶領某個民間團體參觀艾費爾山脈，我在約定地等待報名訪客，然而，完全不在我的預期之中，森林向我「開示」了它的強大生命力，讓我突然醍醐灌頂。我與訪客相約的集合地點，位於威士賀芬鎮活動中心旁空地上的烤肉棚附近，位於停車場旁邊，停車場旁則有座年久失修的網球場。過去連續三年，二〇一八、二〇一九、二〇二〇年，夏天乾旱來襲的時候，看起來沒有人有時間精力好好養護這個網球場，於是許多小樹苗抓到機會，像綠色大軍般一樣入侵，攻城掠地，赤熱乾燥的球場沙地上，一轉眼就長滿了超過幾百棵小樹苗，它們似乎不以豔陽的烘烤為忤，興匆匆破土往下扎根。如果小樹苗在如此極端的氣候下，仍然能夠吐芽展葉，那我對於樹木的未來便突然充滿希望了。當然，我們必須減少開發森林資源，我們必須停止排放大量的溫室氣體，我們所能替樹木做的，就是讓大自然擁有更多的空間，不受人工干擾地自行生長。但是，關於大自然或是森林是否能自行復育的大哉問，我相信逆境生長、佔據網球場的樹木小孩，已經給了我們最鏗鏘有力的答案。

這些樹木的小孩，也證明了它們天生天養最大的優勢：小樹苗帶著適應當地氣候屬性落地生根，也顯示了樹木基因多樣性的妙處。育林苗圃培育出來的小樹苗，種源來自於「人類選擇」性狀的母樹，這些母樹都是林產工業喜歡的樹木，高聳、渾圓、筆直的植株，具有少量粗大側枝[84]，樹幹特別適合加工，成為品質高、價錢好的木板和建材。人為育種的樹木，具備美觀與實用的屬性，至於樹木是不是能夠與團隊合作，願不願意與其它植株合作溝通？樹木是否有足夠的學習能力適應生活環境？人類在選擇森林種子母樹時，不會考慮上述條件。這種選拔標準，我覺得跟人類的智力測

84 木板上的節眼會因此變少。

驗非常類似，智力測驗能量測一個人的邏輯智商，卻沒辦法量測一個人的情緒智商。

天然的「野樹」，可能不是林產工業用於加工的最理想樹種，但已適應了環境變化，存活下來的野生植株，可是帶有最佳的適地性基因，所以我們應該保留野生的樹木用以造林。畢竟，在不遠的未來，樹木能夠生產多少材積，很有可能已經不是這麼重要的，環境變化如此快速之際，樹木的首要任務，是要能夠存活下來。

我在進行森林導覽教學的時候，不斷被問到同一個問題：這種野生的樹苗，未來有可能再度演替成原始林嗎？還是完全不可能？畢竟精於計算注重效率的人類，已經常常用林木收穫機將土壤壓得密密實實，幾乎無法復元，所以樹木的樹根已經沒辦法於此正常生長。除此之外，很多物種（特別是許多微生的細菌）已經滅絕，再也沒有其它物種可以代替，或者即使沒有任何環境問題的條件下，再生的森林裡也沒有了老樹，沒有縱橫交錯的枯死木，簡而言之：難道希望森林復育成功，不是我們想像中的海市蜃樓嗎？

我並不這麼認為，我反而真心相信，我們應該從另一個角度來看這整件事。一座原始林，即使在天時地利「樹合」的條件下，至少都需要經過多次的世代交替，而且整段期間，都沒有人為干預（意思就是鏈鋸）之後，才可能慢慢成形，依樹種各異，復舊造林後，演替成為原始林所需要的時間，至少都要幾百年。這對人類這種沒有耐心的急驚風生物，是個壞消息，不過人類天性就是如此，再加上還有高度不確定性，野生林木是否真的能演替成為原始林，仍屬未知——這聽起來好像不是簡單易懂，讓人聽了熱血沸騰的口號。但我們只願意保護原始林嗎？難道再生的天然林就不值得保護嗎？德國權威的《杜登辭典》對「天然」的定義是：「難以通行、沒有任何人造建築、人類居住的區域」。我再加上一個定義：「沒有人類變動」，那我們就可以推導出：大自然！大自然就是人類創造環境的反義詞，人類在過去的幾百年，兢兢業業將大地變成全然不同的面貌。只要我們人類願意退讓，對用不到的土地撒手不管，就如同廢棄的威士賀芬鎮網球場一樣：樹木自會奪回它們原本的領域。我們人類不聞不問的時間愈長，大自然愈能以天行健之姿，釋放原本狂野的天性。

我認為我們應該用「荒野」這個詞，而不是用「大自然」，因為荒野比較能喚醒人類心中的原始情緒——這個詞一看就帶著自由還有冒險的味道，而且荒野比官方的用語還誠實：根據德國聯邦自然保護局（Bundesamtes für Naturschutz, BfN）統計，德國全境八千八百三十三個自然保護區，佔了德國土地面積百分之六點三。根據另一個標準，Natura-2000-區域（歐洲聯盟提出並建立的自然保護區網絡），自然保護區應該的佔有比甚至更高：高達百分之十五的土地，依法必須列入大自然的領域。[16]然而，現實並非如此，由我前幾章提到「聖殿」的例子，大家就知道類似的事情層出不窮，其實很多國家公園裡，猥瑣的利益輸送是屢見不鮮。「大自然」這個字眼，已經被政府法規濫用，搞得大自然只存在於紙上，卻不在現實之中，其實法律應該規範的守則是：尊重萬物的自主性，任其逕行生存策略，規定自然平權即可。

荒野就不同了，因為大家都同意，荒野就是沒有人類的干擾地區。這個定義清楚明白，我們便以此為衡量標準，來看看人類割讓了多少面積作為荒野領域。德國留給荒野的面積，在二〇二〇年時，只佔了全國面積的百分之零點六，只有百分之零點六，屬於真正的荒野保護區。政府的目標曾經是，在二〇二〇年時，要將荒野保護區增加到百分之二，[162]但是也只證明了，在其它號稱「自然」的土地利用地區，常常為了「保益」，忘記「保育」，而且在這些地區，對人類經濟活動相關限制非常寬鬆稀少。這也就是為什麼國家公園裡允許大面積的皆伐作業，面積甚至比人工林裡還要廣大，砍伐下來的木材，則賣到附近的鋸木場，原本應該受到保護的森林，失去了許多寶貴的生物量，正淌著血努力修復所受到的生態傷害。

所以我們看待政府政策法令時，只要注意「荒野」這個用詞——其它的詞彙，在很多情況下，都是名不副實，虛有其表而已。

森林學院成立的自然保護專案，也經歷了自然保護轉型成荒野保護的過程。剛開始，保護專案的初衷，是想要保護留存的、生態功能還算正常的古老山毛櫸林，透過承租制度，避免山毛櫸受到砍伐，終極目標是：愈快復育演替成原始林愈好。

森林學院承租林地只有一個附帶條件，公有林地所屬的鄉鎮市公所，不可以動樹木的一根「枝條」，如果林主做到這一點，就可以得到租金，也就是資金補助。這樣一來，慷慨的承租人，也就是森林學院，鼓勵林主不砍樹的目標，便在順應人性的情況下，自然而然達成了。每公畝林地的租金，則是以若林主砍伐森林、販售原木可能獲得的利潤而定，林主收到補助款之後，與砍伐原木一樣，就沒有他們的事了，但對大自然卻不一樣。林主若將林地租給森林學院，拿到錢後，森林仍然活生生長在土裡，而且隨著時間過去，森林材積增加，還會產生利息，經營森林的收入變得固定可預測，完全不受木材市場波動的影響。這個承租制度實行後，成效頗豐，所以森林學院已經將這個制度擴及到屬於森林學院管轄下，各式各樣的森林上了：枯死的雲杉人工林，也可以算是荒野保護區，只要我們停止人為干擾，讓大自然自行演替，自然復育森林，最重要的前提是：死亡的雲杉枯立木必須要留在原地。因為雲杉枯死發白的樹幹，可以提供年幼的樹苗最需要的陰影保護，況且，掙脫人類控制的雲杉人工林，與年輕的幼齡闊葉林，一起形成了保護古老山毛櫸林的緩衝帶，此法可以說是一舉數得。

微生物在森林中的復育

我很常被問到的問題之一，是關於微生物是否能夠再度復育，因為我們已經知道，牠們在生態系統的動態平衡中，扮演了非常重要的角色。對於住在土壤的甲蟎（Hornmilben）或彈尾蟲（Springschwänze），這個問題的答案已經呼之欲出了，這點要感謝雲杉與松樹人工林。這兩種針葉樹，在歐洲大部分的土地上，都屬於外來種，所以歐洲大部分的土壤中，沒有專門吃這兩種樹種枯枝落葉的微生物。在我轄區內進行的調查研究發現，即使在這兩種人工林裡，土壤中居然還發現了甲蟎與彈尾蟲的族群，看來牠們覺得味道偏酸的針葉還過得去，不挑食的大吃特吃起來[85]。不過若是林地上曾經種植人工林的話，土壤裡的微生物組成，與古老山毛櫸林腳下的土壤相比，還是有相當大的不同。

但這些小東西，到底是怎麼到達牠們覺得舒適的棲地呢？我猜測最有可能的傳播者，就是跑來跑去的動物。野豬會在泥淖中打滾，用來除去皮膚上的寄生蟲，然後牠們在泥堆打滾的過程，就會攜帶一些偷渡客，當野豬在下一個泥坑打滾時，偷渡客也就坐了免費的霸王車，到達新的棲地。不過靠這個方法，可能有很多甲蟎與彈尾蟲不小心被壓死，所以還有另一種比較安全的交通工具：鳥類。這些有羽毛的動物，跟野豬一樣，也喜歡在灰塵裡打滾，除去身上不速之客，牠們會飛到地上，然後揮動翅膀，讓塵土與腐植質進入羽毛的縫隙之中，灰塵浴可能長達幾分鐘之久，結束前的最後一揮，還會特別用力，便騰空往下一座森林飛去，然後躲在鳥類翅膀裡的偷渡客，在鳥類進行另一次的灰塵浴時，順勢落到土裡，抵達了新的目的地。

體積小到肉眼看不見的旅客，還包括真菌及細菌。沒有這些微生物，一棵樹就不算完整——大家想想前面提到的合生體，樹木生態系（我們也是），是由數以千計的微生物共同組成的生命共同體。除了靠動物傳播之外，真菌細菌還有更好的選擇：風。清風拂過，真菌超級迷你的孢子從地上捲起，隨風飄揚到世界各地。環境科學家芭拉·喬杜里博士（Dr. Bala Chaudhary），在她任職的芝加哥大學的五樓樓頂，短短十二

85 雲杉是外來種，而甲蟎與彈尾蟲並沒有特化，只吃特定樹種的枯枝落葉維生，而是有什麼吃什麼，牠們屬於泛化物種。

個月內，總共蒐集了四萬七千種真菌的孢子，這些孢子都是躲在土壤深處，專門與樹根協作的真菌種類，這點讓這份研究結果變得特別有參考價值：畢竟這些位於土壤深層的真菌孢子，比起長在土壤表層的真菌孢子，比較沒辦法輕易的乘風而起。而且大部分的孢子，皆是來自於農田土壤深處的真菌種類，學者猜測，可能是犁田的時候塵土飛揚，孢子因而被釋放到空氣之中。[163]

森林土壤的情況與農田相反，不會有農夫犁地：樹木會用樹根把土壤牢牢抓住，使其無法輕易隨風飄揚。真菌對此早有對策，它們住在草原的親戚朋友，會負責長出子實體，讓數以萬計的孢子，依舊能夠靠空氣繼續傳播繁殖。當孢子密度夠高時，其實人類肉眼也可以看得見，你可以在家裡試試，拿出一張白紙，切下蘑菇的蕈傘放在上面，隔天再把蕈傘拿起來，就會發現白紙上有咖啡色的痕跡——這就是過了一夜，子實體所撒出的孢子粉塵。

你每天都不斷的吸入許多真菌孢子，此時此刻，正當你讀這本書的時候，每立方公尺的空氣，平均包含了一千到一萬顆孢子——你每呼吸一次，大概就會有十顆孢子進入你的肺部。[164]

為了讓原始林土壤中的孢子能夠傳播到適合的棲地，我們只需要做一件事：保護原始林。只憑這個理由，保護歐洲所剩無幾的原始林植群便是刻不容緩。至於歐洲原始林已經消失殆盡的地方，或是只剩下逼近原始狀態的天然森林，例如「聖殿」，我們更需要竭盡全力捍衛呵護，而不是想盡各種理由，砍伐保護區內具高經濟價值的老樹。許許多多細菌、真菌的孢子，還有很多微生物，只能靠著這座僅存的「生態方舟」為起點，四處隨風傳播，飄散到年輕的森林，繁衍嬗遞，再與稚嫩樹苗，共同慢慢恢復最初原始的生態系統。

子非樹安知樹之樂

森林自然復育的過程非常動魄驚心，我們再花點時間多聊一下：亙古自然本無常！生態系的理想平衡像是鐘擺中心，如果整體局面因為人類干預走向了一個極端，一旦人類放手不管之際，鐘擺回盪的力道也就愈強勁。我想要強調的是：放手讓自然獨立運作，就是民眾心中所有問題的最佳解答。人類干預自然生態的強度愈大，你就愈能夠觀察到，鐘擺是如何從另一個極端緩過來，再盪回中心點。棄耕的農田，只需要短短幾年，便會像鋪上一層綠毯，被綠油油的小樹苗覆蓋。你在散步時就可以發現，幼嫩青綠的楊樹與樺樹混合林，只要給它們一到兩年時間，每年平均能夠抽高一公尺。德國民眾目前最無法忍受，就是散步時看到大面積「不自然」的人工林枯死，若人類也對此撒手不管，曾經是人造的綠色沙漠，很快就能變成綠意盎然的天然荒野——年復一年，生命的樂章，每天在森林中飄揚上演。首先，雲杉與松樹的針葉紛紛落下，整片人工林變成紅褐色的不毛之地，各種草本植物，以及幾千棵闊葉樹種小苗，只需要最多一年時間，便能讓森林底層再度變得綠意蔥蘢；再過一年，許多闊葉樹小苗快速抽長，變得比其它草本植被還要挺拔高大，能夠產生陰影遮蔽土壤；大概再過五到十年，林地上長出了「乳臭未乾」的闊葉混合林；草本植物與灌木叢自然而然消失，因為林冠層被樹木封起來，光照資源到不了地面，讓草本植物活不下去。然而，橡樹、山毛櫸或是楓樹，卻偷偷躲在樺樹與楊樹下，過著相當愜意安心的日子，慢慢長大直等到時機成熟，再一舉「超車」先驅樹種，先在垂直方向長得比樺樹楊樹高聳，成功後再往橫向發展，搶奪光資源讓樺樹楊樹陷入飢餓，破空鋪頂一氣呵成，如此一來，再過幾十年橡樹、山毛櫸或楓樹便後發先至，成了森林中當家作主的老大了。

如果你想要在家好好欣賞這場森林生態的演替戲碼，我建議你可以選個固定的位置定期拍照，例如交叉路口或是制高點，重點是你進行後續拍照時，必須認得出來原始的拍攝位置點。樹木雖然是慢郎中，但如果你啟用相機的縮時攝影功能，大自然精采絕倫的搶空大戰，有時緊張刺激到讓你連大氣都不敢出呢。

我為什麼鼓勵你們這麼做呢？我希望能夠激發民氣，提高你們保護森林的動機啊！當我們親眼見到事情朝好的方向發展，我們面對未來的挑戰時，就會變得勇氣十足。我並不是有意要煽動你們的情緒：而是我們絕對有很多理由相信，森林對於它們面臨的人為或自然挑戰，都能夠迎刃而解，繼續在地球屹立不搖地活在下一個千萬年。最重要的一點，「子非樹安知樹之樂」，我們必須願意理解並接受，樹木自己最清楚，如何重建自己喜歡的生活環境。

森林一定會回歸

學術界最近宣布新的地質時代誕生了：人類世（Anthropozän），我們應該結束這個地質時代。我的意思並不是希望人類消失於地球之上，或者說人類的文明應該被摧毀，而是我們應該再度融入大自然萬物的循環之中，我們應該給其它生物足夠的尊重，讓牠們不用憂心忡忡擔心未來的生活。若歐洲大陸上，大部分的陸地面積又受到森林覆蓋，就像很久很久以前的樣子，那人類與自然共存的日子也就不遠了。我們如何做到這一點呢，我已經在這本書裡減少肉品消耗的章節中提到了實際作法。我希望，不久的將來，學術界又會宣布新的地質時代誕生：樹木世。

我想要以《樹的祕密生命》同名紀錄片中所使用的轉場旁白，替這本書做結尾。我在這裡添加了幾句話，讓我想傳達的理念更完整，就如同有看過這部影片的觀眾聽到的旁白解說一樣。這句旁白直指整件事的核心：森林一定會回歸，再度佔據陸地上的各個角落，不過，要是人類那時沒有滅絕的話，也能親眼見證這一切，那該有多好啊！

代後記

對森林從無知到小心

文／皮耶雷・伊必敕教授

人類造成的氣候變遷，讓世界陷入混亂脫序的狀態——這還是比較客氣和緩的說法。如同我們不情不願的被迫接受，氣候變遷已帶給人類社會許多無法估計的風險。科學家幾十年前就已經開始研究，人類排放溫室氣體產生的效應，不斷增高的全球氣溫，對大自然會造成多大衝擊時，我們對全球暖化後的想像，仍舊非常抽象不夠具體，那時我們還未深入探究，全球暖化與人類社會的直接關聯。近年來，全球暖化的後果，才慢慢變得真實而立體：各地的森林面臨生存危機，生態環境沙漠化，地球上乾燥的地區愈來愈多；森林大火發生頻率愈來愈頻繁；多年受到高溫缺水折磨的老樹，突然死亡；炎熱乾燥的空氣，曬傷了植物敏感脆弱的細胞組織；動物陷於熱浪、缺水或缺乏營養，旱澇相煎的極端氣候之中。

對人類與大自然而言，氣候變遷毫無疑問的造成了更大的生存壓力，而且也給科學界，特別是林業，帶來了前所未見的挑戰。大家期望科學家，能夠提供簡單明瞭的答案，但實際上，這個問題並沒有正確答案。那我們該怎麼辦呢？森林的未來會是什麼樣子呢？我們人類要如何調適，做好準備面對未知的挑戰呢？突然之間，面對無窮的未知，光是吸收新的知識，分享調查數據，不足以應付層出不窮的種種麻煩，我們反而要以高情商，冷靜處理迎面而來的多種考驗。樹木的收穫期非常漫長，林務官早就習慣與風險共存，經營「養樹場」向來都是與未來對賭。林務官佔上風的前提是，投入資金種植森林時的大環境條件，在未來預定採伐的時間點，變化不可太大，必須是在可預測可承受的範圍之內，如此一來，生產的木材才有幾分薄利可圖。

學術界已經學會了，極盡可能的準確測量研究標的，然後用客觀的語言，描述他們觀察到的現象。科學家將自然元素，以事物的外型、起源、功能分門別類，科學家找出了自然生態局部的法則與規律，用來解釋特定的現象為何會存在。舉例來說，好幾個世代的林業學者，花了很多時間研究，樹木如何生長，木材在樹木活著的過程中，生長速度與體積增加的快慢。林務官靠著法正林收穫表，預測何時可以伐採的木材材積有多少；另外，最重要的基本功，就是要學會分辨不同樹種適合的立地，因為這兩個因子，關係到森林的未來材積生長。進入數位時代之後，許多電腦模型，以超高的運算能力，模擬林主最想知道的數字，讓森林生長的預測變得更精確。但不管這些模型如何完善，都只能達到設定參數所能算出的水準，若在建立模型時，沒有將影響生態系統的關鍵因子考慮進去，或是學者還不清楚，某個因子對整個模型至關重要時，電腦模型運算出來的結果，只會造成我們對整體情況的錯估。關於樹木過去生長的一點一滴，林務官可以測量得更精準，記錄得更詳細——但若未來氣候變得完全不可預測，過去所蒐集的經驗，建立的生長公式，就變得一無是處，可以統統丟到垃圾桶裡了。

氣候變遷將森林獲利預估，搞得亂七八糟，短短幾年間，植物生長的環境參數，居然必須統統重新測量調校。慢慢的我們終於領悟到，幾十年後，森林立地也可能突然風雲變色——例如溫度有可能急遽增高，區域氣候變得更乾燥——我們身邊習以為常的動植物，可能難以繼續待在原始棲地，但也只是可能！那動植物大遷徙或大滅絕到底會不會發生呢？我們可以為此做什麼準備嗎？

過去的林務官，從來不用懷疑，他們曾經仔細呵護的樹木，在一百年或一百二十年後，當然會有人接班，在適當時機伐採收穫。但今日的林務官，就不是那麼確定了，林業非常清楚，預測未來是攸關產業生死，但目前森林未來上方籠罩的迷霧卻比以往更加濃密。過去幾百年，我們用實證科學的方法，用更複雜更精確的儀器，試著理解分析大自然——最後，我們終究必須承認，很多時候，我們甚至連最簡單的問題都沒有答案。到底未來會是什麼樣子呢？沒有標準答案。我們的無知，並不只限於科學知識的漏洞或片斷，而是我們對任何無法通過邏輯檢驗的自然現象，一點頭緒也沒有，這是即使科學家花費大量人力物力，也無法修補的缺口。人類必須承認，我們還未全盤解密大自然，我們所要做的，就是學會與無知共存。

我們無法預測未來

自從二〇一八年，極端的夏季氣候，讓森林感受到前所未有的生存壓力，愈來愈多的樹木，以及整片整片的山頭，從青山綠水變得只剩枯枝殘幹。從這個時間點起，很多電視、廣播電台與報紙媒體，都想要知道，我們該如何拯救瀕死的森林。「森林到底病得多重？」「我們正在經歷另一場新的森林滅絕嗎？」「我們現在造林的話，應該使用那些樹種呢？」民眾心中最想知道的是：「森林的未來會是什麼樣子呢？」當政者心中也抱持同樣的疑問，這讓科學家感到非常為難。林業學者很清楚，媒體記者與當權者都想要簡單明確的答案，沒有人想聽「可能會這樣，也可能會發生另一個情況」；而真正的答案更不受歡迎，「其實我們心裡也沒有底，一點頭緒也沒有」。

熟悉媒體操作的人都知道，受訪者要是無法立刻說出簡單的答案，就不會再被訪問。所以有些學者就大膽嘗試，說出可能發展的趨勢方向，或是給出非常明確的建議。例如有些學者會明確推薦使用特定樹種造林，並強調這些樹種有很大的潛力，調適氣候變遷——然而，這些樹木的家鄉，通常是來自遠在天邊的另一塊大陸，例如花旗松、北美紅橡、日本落葉松（Japanische Lärche）。這種乾綱獨斷的推薦，造成許多林場，跟風以外來樹種造林，但這些樹種是否能夠在未來氣候變化中存活下來，或是慘遭滅絕，成敗的機率恰好一半一半，意思就是我們不知道。我們甚至必須更進一步追問，「超級明星樹種」是否真的能夠融入當地的生態系，是否真的能夠免受於病蟲害的侵襲。但我們已經知道了，外來樹種常常帶給當地森林許多意想不到的災害，間接削弱本土生態系的韌性。

疾病的爆發，例如像白臘樹枯梢病（Eschentriebsterben）、楓樹剝皮病（Ahorn-Rußrindenkrankheit），或者是害蟲入侵，例如不同的蛾類或是樹皮甲蟲，帶給了目前非常多樹木，無比巨大的生存考驗。樹木在面臨乾旱或熱浪雙重打擊之前，卻常常已經歷一波疾病與昆蟲的攻擊，以前很多林務官與林業學者，常常對某些特定的樹種居然受到他們想也沒想過的昆蟲侵擾，感到非常出乎意料。而且別忘了，那些專家從來沒預見可能的風險，事先警告林業界，樹木可能會面臨的病蟲害。橫豎到目前為止，所謂「專家的預測」，都是聽一聽就算了，畢竟想要預測森林的未來，有太多因子需要列入考慮。最後，我們唯一能斷定的，只有森林與生態系中的所有生物，因為氣候變遷所要面對的未知風險，一定會愈來愈高。人類對此愈是無知，事態就愈嚴重，但如果我們居然假裝未來可以預測，差不多等於無時無刻不在挑戰蒙眼倒走鋼索了。

學者不斷散播偽科學，讓社會大眾或當政者被誤導的機率大增。很多學者創建了電腦的模型，測繪了彩色漂亮的圖表，臉不紅氣不喘的向大眾展示，哪些樹種，未來只能在特定立地存活下來，哪些樹種卻是失敗者，可能會滅絕。這些模型大部分試著預測，這個世紀下半葉的未來發展，例如從二〇四一年到二〇七〇年，光是電腦模型使用的時間參數，就屬於大自然中從來不存在的精確度，也是偽科學最具代表性的例子。另外，跑模型時的氣候相關參數，都只是假設性的數值，卻要我們相信，這個高科技電腦預測是有所本，可以放心參考。從古至今，地球氣候就不斷向人類演示，什麼叫作「深不可測」，老天如何在短短一瞬間大變臉，讓我們措手不及。很不幸的，目前常常發生的人為「天災」，不斷的向我們證明，人類大大低估了氣候變化的規模與風險。例如德國沒有人發出過警告，二〇二〇年四月的時候，天氣會一轉眼就變得又乾又熱，我們那時候完全不知道，二〇二〇的夏天，僅僅因為噴射氣流的移動，帶來了破紀錄的熱浪。我們那時甚至完全不確定，噴射氣流是否真的存在，或是噴射氣流對氣候影響力居然如此強大。過去也沒有任何氣候預測模型，警告德國會在夏天連續發生多年的乾旱。那時只有極少的林業學者預見，短期之內，森林可能會面臨大大小小的危機。就如同我們現在經歷的一樣，過去的問題出在——就如同字面上的意義——我們無法預測未來。

小心謹慎與防患未然

對於前方等著我們與森林的未知風險，我們該怎麼做比較好呢？我們可以將未知的風險，與我們打算開車，通過山高水險的地區相比。我們雖然還沒有啟程，但已經可以想像，路上可能會碰到九彎十八拐，高聳的深淵峽谷，還有突然出現的對向來車，必須在經常狹小的路段會車，路邊沒有安全護欄，還有不知道什麼時候，山上可能會滾落的大小石頭，道路路基可能會隨時崩塌，發生連車帶人掉下懸崖的慘劇——若我們碰上滂沱大雨，潮溼的路面可能讓車子打滑，四周白霧升起，讓能見度大幅降低。我們現在假設，有三種不同風格的駕駛準備上路：第一位，性格喜愛冒險的車主，很可能會說，他目前都沒有出過任何車禍——所以路況不會像想像中那麼糟糕——於是他會毫不猶豫，直接發動車子就上路了。愛冒險的車主讓我們看見，靠過去的經驗，決定未來可能會碰到的風險，多麼的無知危險，一旦碰到他以前沒遇到的狀況，車主可能會不知所措，束手無策。第二位，特別相信科技的車主，可能在出發前，詳細閱讀天氣報告，試著去預測路況，分析可能遇到的交通或天氣狀況，然後選擇開一輛有安全氣囊、動力方向盤、剎車輔助系統、還有警示燈等等的車子。第三位，性格非常謹慎、還具有強大風險意識的車主，除了檢查車子是否有足夠的科技安全配備，他當然還會繫上安全帶。最重要的是，他一定會慢慢開，然後在每個彎道時，小心的輕按喇叭，停看聽，看看對向是否有來車，若會車地點太狹窄，他也隨時準備放掉油門，手腳併用的緊急剎車。

我們將三種不同的駕駛風格，套用到我們處理未來風險的方案上：第一位車主的邏輯，「反正目前為止，都沒有出什麼大問題，所以我們不需要改變，蕭規曹隨即可。」我們會覺得這實在是太冒險了，決定馬上排除這位車主的策略；第二位，如果我們多多瞭解相關知識，使用更好的科技，在變化如此讓人措手不及的情況下，基本上也沒有科技能提供任何實質幫助，可以劃去不列入考慮；現在我們只剩下第三位車主了，兼具小心謹慎與防患未然的兩項原則。首先，我們從他身上學到，我們必須非常清楚，未來具有許多未知的危險，我們必須接受，未來可能會發生許多讓人猝及不防的事件；再來，我們應該利用所有知識去瞭解，分析未來可能遇到的任何危險；最後，我們必須承認，試著用精準模型預測不確定的未來，沒有任何意義。我們現在知道了，面對未知風險的上上策，就是移開踏在油門上的腳掌，慢慢開，見招拆招。

以生態智慧面對未知風險

我們都已經學到，基本上，森林生態系等於是超級生物體（Überorganismen），當生態系中形形色色的生物，還有無生命的元素，暢行無阻溝通轉換時，生態系才算達到了健康的動態平衡。我個人認為，將生態系中的生物或是循環網絡，一個一個切割開來仔細研究，不是我們該考慮的優先事項，最關鍵的是，好好保護整體生態系不被摧毀，比什麼都重要。我們其實無法肯定，森林生態系是否有足夠的能量，調適未來所要面對的挑戰。人類僅僅是認知到未來的風險，就相信人類應該也能想出聰明的解決方法？大自然並不是簡單的鐘錶，齒輪一秒不差的定時轉動。森林比較像是複雜的資訊處理系統，將所有面對大自然無常的解決方案，寫進生物基因上，或是轉化於生態系統生物與無生物的協作之中。我甚至認為，可以稱上述現象為生態智慧，這個智慧不需要以有主體意識為前提，也沒有辦法預測未來。但生態智慧的存在，卻是大自然面對未知的風險時，能夠回應處理種種複雜挑戰的重要基石。

森林大火過後，先驅樹種（Pionierbaumarten）的種子，能夠快速的生根發芽，打響重啟全新生態系統的第一槍。先驅樹種的種子，具備了在艱苦環境下開疆闢土的能力，特別是在森林付之一炬的火燒跡地上。即使當地土壤沒有腐植質，也能發芽展葉，忍受極端化學或是物理風化盛行的環境。大自然中沒有巧合，先驅樹種——例如說像歐洲山楊——常常在燒火跡地，恰好都能找到對生存至關重要的夥伴共生，例如像是菌根（Mykorrhiza）。而就是靠著真菌的幫忙，歐洲山楊熬過了森林復育初期營養不足的日子。

在森林大火後，上述環環相扣的自然演替，井然有序的輪番上演，每個角色都知道自己該做什麼；森林生態系只要輕輕鬆鬆調出——完全不是刻意為之——「記憶」裡的知識，即可應付，完全不需要苦思解決之道。森林靠著生態智慧，治癒了不在預料之中，例如大火或是颶風，所造成的「傷口」。裸露的地表上，馬上受到綠色植被覆蓋，護住了受侵蝕的土壤。先驅樹種的到來，也化育了新的土壤，因為它提供了土壤最需要的陰影與穩定的低溫。如此一來，珍貴的水分便會滯留在這片土地上，更多的物種也能在此生存定居，生態系統便開始走向復育的康莊大道。僅僅將這個演替過程，以大自然的「自癒力」來稱之，根本不足以媲美生態智慧真正的價值。其它生態系中，我們也觀察到許多類似的演替過程。當環境突然劇變，或是嚴重爆發關鍵物種滅絕的衝擊時，生態系甚至可以輕易承受。以我們目前碰到的森林危機為例，山毛櫸立地條件本來就不佳，加上連續乾旱後，大量乾枯死亡，但森林並沒有滅絕，死亡只是樹木。耐旱的樹種，像是千金榆（Hainbuchen）或是椴樹（Linden）一旦看到機會，會毫不遲疑填補山毛櫸留下的空缺，重新啟動森林生態系的循環。

謙卑的向大自然學習

林業為了讓林務官在氣候變遷的情況下，繼續加強人類對森林的干擾——千萬不可以相信自然演替能夠解決問題——佛萊堡大學育林學系，有位非常權威的教授，在《南德日報》（*Süddeutsche Zeitung*）對他的訪問中，回答關於大自然是否有自癒能力的問題時，批評此種說法是「毫無根據」的論述。他的評價，屬於學術界裡，學者對其競爭對手所能做出的最惡劣指控。毫無證據的意思是指，學者本人提出說法或是建議，根本沒有任何證據可以支持他的論點——這句話的意思，就是指對方不科學。但我們靜下心來看看，他的指控，其實揭露了林業學術界的雙重矛盾。第一，他又再一次讓我們知道，林業對於目前的森林危機，還有森林自然復育的現實，都蒙上眼睛，矢口否認最終目的僅僅是為了遮掩林業是始作俑者的事實，當然，他也是在替相關人士利益護航；第二，他指出了實證科學的未逮之處。整件事與學者是否能以最新的實驗數據，支持關於解決森林危機的建議無關，畢竟沒有任何學者能夠靠實證科學的方法證明，生態系對於未來所有的挑戰，是否能夠調適繼續生存，不是嗎[86]？實證科學的限制在這裡顯而易見，沒有任何人可以證明——許多學者甚至認為，目前氣候變遷如此劇烈，如果部分可靠模型預測提供參考的話，森林滅絕只是早晚的事，所以這位教授論點的核心，就是可信度。那我想問問，林業學者在幾年前，甚至連最嚴重的森林危機都沒辦法預測，進而向民眾示警，現在居然大言不慚吹噓，他們比起經過許多未知風險與驚喜、訓練了幾千萬次的森林生態系本身，還能夠斷定森林的未來。我言盡於此，只要看看德國森林現在的慘狀，我真的很懷疑外頭還有多少民眾願意相信林業專家學者的預測。

86 指實證科學不是時光機，沒辦法證明未來。

氣候變遷教導我們，要謙卑的向大自然學習。我們現在最需要的速成課程，是學會冷靜面對我們的無知。我們不該如此篤定相信人類是萬物之靈——特別是不該貶抑大自然的智慧，認為不同的意見都不足一哂。我們不該全然相信，聰明的工程師會以科技解決所有問題；我們要師法兩項古老的原則，小心謹慎與防患未然。我們只有認清自己的不足之處，或是學會尊重我們未知的領域，「無知」將會是我們最好的老師。

誌謝

我已經寫了很多本書，也每次都將我的書獻給家人。這一次，我想要在這裡感謝出版社的所有員工。我想要請羅爾斯．蕭茲－考撒克（Lars Schultze-Kossack）從他辦公室走到這本書裡，他為人非常謙虛低調，工作勤快又很有效率，羅爾斯，還有他的太太娜潔（Nadja）是我的經紀人，負責處理所有的商業活動、邀約、訪談、回答問題、預防任何侵犯版權的行為，然後他夫婦倆甚至促成了紀錄片的拍攝。談生意不是我的專長——若是可以，我會想盡辦法，願意支付高額服務費，避免去處理這些出版相關業務。羅爾斯就不同了，一方面，他會向找我合作的廠商清楚告知我的底線，另一方面，他也不斷替我尋找新的機會。沒有他，我就沒有機會認識路德維希出版社（Ludwig Verlag），我跟他們的合作非常開心。

另外，我想要衷心感謝森林學院的工作人員。他們負責回應來自受到感動的讀者所提出的各種問題，或者負責接待那些開車過來的民眾，他們想要看看書裡引發我靈感的樹木長相。森林學院的團隊為我處理了大大小小的瑣事，我便可以把心力放在準備課程上，單純的當個森林導覽課程的解說員。我非常享受，與一群人漫步於艾費爾山脈的森林，談論我最愛的主題：樹木的祕密生活。

資料出處

1 https://www.sueddeutsche.de/wissen/kastanien-schaedlinge-bluete-umwelt-1.5052988

2 Beispielsweise hier: https://www.infranken.de/ratgeber/garten/garten-jahreszeiten/kurios-im-herbst-bluehende-baeume-schmuecken-die-natur-in-franken-art-3666516

3 https://www.swr.de/wissen/haben-pflanzen-gefuehle-100.html

4 https://www.bloomling.de/info/ratgeber/haben-pflanzen-ein-gehirn

5 Hagedorn F. et al.: Recovery of trees from drought depends on belowground sink control, in: Nature Plants (2016), DOI: 10.1038/nplants.2016.111.

6 Solly, E. F. et al.: Unravelling the age of fine roots of temperate and boreal forests, https://www.nature.com/articles/s41467-018-05460-6

7 https://www.ncbi.nlm.nih.gov/pmc/articles/PMC6015860/

8 »Man kann die Erbse trainieren, fast wie einen Hund«, Interview in der GEO Nr. 09/2019, https://m.geo.de/natur/naturwunder-erde/21836-rtkl-kluge-pflanzen-man-kann-die-erbse-trainieren-fast-wie-einen-hund?utm_source=Facebook&utm_medium=Post&utm_campaign=geo_fanpage

9 https://www.mecklenburgische-seenplatte.de/reiseziele/nationales-naturmonument-ivenacker-eichen

10 Weltecke, K. et al.: Rätsel um die älteste Ivenacker Eiche, in: AFZ Nr. 24/2020, S. 12–17

11 Roloff, A.: Vitalität der Ivenacker Eichen und baumbiologische Über-raschungen, in: AFZ Nr. 24/2020, S. 18–21

12 https://www.br.de/wissen/epigenetik-erbgut-vererbung100.html

13 Epigenetik in Bäumen hilft bei Altersdatierung, Pressemitteilung der TU München vom 18.11.2020

14 Bose, A. et al.: Memory of environmental conditions across generations affects the acclimation potential of scots pine, in: Plant, Cell & Environment, Volume 43, Issue 5, 28.01.2020, https://doi.org/10.1111/pce.13729

15 Hussendörfer, E.: Baumartenwahl im Klimawandel: Warum (nicht) in die Ferne schweifen?!, in: Der Holzweg, oekom Verlag, München, 2021, S. 222

16 Allen, Scott T. et al.: Seasonal origins of soil water used by trees, https://doi.org/10.5194/hess-23-1199-2019, veröffentlicht am 1. März 2019

17 https://www.kiwuh.de/service/wissenswertes/wissenswertes/wald-boden-wasserfilter-wasserspeicher

18 Veränderung der jahreszeitlichen Entwicklungsphasen bei Pflanzen, Umweltbundesamt, https://www.umweltbundesamt.de/daten/klima/veraenderung-der-jahreszeitlichen#pflanzen-als-indikatoren-fur-klimaveranderungen

19 Zimmermann, Lothar et al.: Wasserverbrauch von Wäldern, in: LWF aktuell 66/2008, S. 16
20 R. C. Ward, M. Robinson: Principles of Hydrology, 3. Aufl., McGraw-Hill, Maidenhead, 1989
21 Pressemitteilung der Bayerischen Landesanstalt für Wald und Forstwirtschaft, https://www.lwf.bayern.de/service/presse/089262/index.php?layer=rss
22 Flade, M. und Winter, S.: Wirkungen von Baumartenwahl und Bestockungstyp auf den Landschaftswasserhaushalt, in: Der Holzweg, oekom Verlag, München, 2021, S. 240
23 https://www.ncbi.nlm.nih.gov/pmc/articles/PMC125091/
24 Hamilton, W. D. und Brown, S. P: Autumn tree colours as a handicap signal, https://doi.org/10.1098/rspb.2001.1672
25 Döring, T.: How aphids find their host plants, and how they don't, in: Annals of Applied Biology, 16. Juni 2014, https://doi.org/10.1111/aab.12142
26 Archetti, M.: Evidence from the domestication of apple for the maintenance of autumn colours by coevolution, in: Proc. R. Soc. B.2762575–2580, https://doi.org/10.1098/rspb.2009.0355
27 Zani, Deborah et al.: Increased growing-season productivity drives earlier autumn leaf senescence in temperate trees, in: Science Vol. 370, Issue 6520, S. 1066–1071, 27.11.2020
28 Winter in Deutschland werden immer wärmer, Deutschlandfunk, 21.12.2020, https://www.deutschlandfunk.de/klimawandel-winter-in-deutschland-werden-immer-waermer.676.de.html?dram:article_id=489700
29 Bäume spüren den Frühling, in: SVZ, 25.03.2019, https://www.svz.de/ratgeber/eltern-kind/baeume-spueren-den-fruehling-id23115812.html
30 War der letzte Winter zu warm für unsere Waldbäume? Pressemitteilung der Eidg. Forschungsanstalt für Wald, Schnee und Landschaft WSL vom 19.03.2020
31 Gericht stoppt vorläufig Rodung im Hambacher Forst, https://www.spiegel.de/wirtschaft/soziales/hambacher-forst-gericht-verfuegt-einstweiligen-rodungs-stopp-a-1231705.html
32 Ibisch, P. et al.: Hambacher Forst in der Krise: Studie zur mikro- und mesoklimatischen Situation sowie Randeffekten, Eberswalde/Potsdam, 14. August 2019
33 https://www.greenpeace.de/themen/klimawandel/folgen-des-klimawandels/hitze-sichtbar-gemacht
34 Landesforsten RLP: Einschlagstopp für alte Buchen im Staatswald, Mitteilung des Ministeriums für Umwelt, Energie, Ernährung und Forsten vom 03.09.2020, https://mueef.rlp.de/de/pressemeldungen/detail/news/News/detail/landesforsten-rlp-einschlagstopp-fuer-alte-buchen-im-staatswald/?no_cache=1
35 Zimmermann, L. et al.: Wasserverbrauch von Wäldern, in: LWF aktuell, 66/2008, S. 19
36 Makarieva, Anastassia & Gorshkov, Victor. (2007). Biotic pump of atmospheric moisture as driver of the hydrological cycle on land. Hydrology and Earth System Sciences. 11. 10.5194/hessd-3-2621-2006.
37 Unterscheiden sich Laubbäume in ihrer Anpassung an Trockenheit? Wie viel Wasser brauchen Laubbäume?, Max-Planck-Institut für Dynamik und Selbstorganisation, https://www.ds.mpg.de/139253/05
38 Sheil, D.: Forests, atmospheric water and an uncertain future: the new biology of the global water cycle, in: Forest Ecosystems 5, 19 (2018).

https://doi.org/10.1186/s40663-018-0138-y

39 van der Ent, R. J., H. H. G. Savenije, B. Schaefli, and S. C. Steele-Dunne (2010), Origin and fate of atmospheric moisture over continents, Water Resour. Res., 46, W09525, doi:10.1029/2010WR009127.

40 Dörries, B.: Kampf ums Wasser, Süddeutsche Zeitung, https://www.sueddeutsche.de/politik/aegypten-aethiopien-nil-damm-1.4950300

41 Holl, F.: Alexander von Humboldt. Mein vielbewegtes Leben. Der Forscher über sich und seine Werke, Eichborn Verlag, 2009, S. 118

42 Arabidopsis thaliana, https://www.spektrum.de/lexikon/biologie-kompakt/arabidopsis-thaliana/815

43 Crepy, M. und Casal, J.: Photoreceptor-mediated kin recognition in plants, in: New Phytologist (2015) 205: 329–338, doi: 10.1111/nph.13040

44 Wu, K.: Eine Astlänge Abstand: Social Distancing unter Bäumen, in: National Geographic, 08.07.2020, https://www.nationalgeographic.de/wissenschaft/2020/07/eine-astlaenge-abstand-social-distancing-unter-baeumen

45 Bilas, R. et al.: Friends, neighbours and enemies: an overview of the communal and social biology of plants, https://onlinelibrary.wiley.com/doi/pdf/10.1111/pce.13965?casa_token=z8gB0Z9Cny8AAAAA:fSwX9nnNww9tJcASawxW0kdRht_J1vED1Zc5ZrGnH-ifRcgZXgdDz9Cm91qclyNBS28rg5B6GF-Dfs8

46 Ramirez, K. et al.: Biogeographic patterns in below-ground diversity in New York City's Central Park are similar to those observed globally, in: Proceedings of the Royal Society B, 22.11.2014, https://doi.org/10.1098/rspb.2014.1988

47 Übersetzung aus dem Englischen, Ibisch, P. L. und Blumröder, J. S.: Waldkrise als Wissenskrise als Risiko, Universitas 888: 20–42, 2020, aus: Rodriguez, R. J. et al. 2009. Fungal endophytes: diversity and functional roles. 182(2): 314–330.

48 Hubert, M.: Der Mensch als Metaorganismus, Deutschlandfunk, 30.12.2018, https://www.deutschlandfunk.de/meine-bakterien-und-ich-der-mensch-als-metaorganismus.740.de.html?dram:article_id=436989

49 Entstanden Nervenzellen, um mit Mikroben zu sprechen? Mitteilung der Christian-Albrechts-Universität zu Kiel vom 10.07.2020, https://www.uni-kiel.de/de/universitaet/detailansicht/news/168-klimovich-pnas

50 https://www.bfn.de/themen/artenschutz/regelungen/vogelschutzrichtlinie.html

51 Fierer, N. et al.: The influence of sex, handedness, and washing on the diversity of hand surface bacteria, in: PNAS November 18, 2008 105 (46) 17994–17999, https://doi.org/10.1073/pnas.0807920105

52 Schüring, J.: Wie viele Zellen hat der Mensch? https://www.spektrum.de/frage/wie-viele-zellen-hat-der-mensch/620672

53 Ibisch, P. L. und Blumröder, J. S.: Waldkrise als Wissenskrise als Risiko, Universitas 888: 20–42, 2020

54 Cypiomka, H.: Von der Einfalt der Wissenschaft und der Vielfalt der Mikroben, http://www.pmbio.icbm.de/download/einfalt.pdf

55 Wir sind von Milliarden Phagen besiedelt, in: Scinexx, https://doi.org/10.1128/mBio.01874-17

56 Werner, G. et. al.: A single evolutionary innovation drives the deep evolution of symbiotic N2 fixation in angiosperms, in: Nature communications, 10.06.2014; doi: 10.1038/ncomms5087

57 Raaijmakers, J. und Mazzola, M.: Soil immune responses, in: Science, 17. Juni 2016, DOI: 10.1126/science.aaf3252

58 https://www.bpb.de/nachschlagen/zahlen-und-fakten/globalisierung/52727/waldbestaende

59 Erste Baumsprengung in Thüringen stellt Experten vor Probleme, in: Thüringer Allgemeine. 8. September 2019

60 BGH, Urteil vom 02.10.2012 – VI ZR 311/11
61 Deutliches Ergebnis: Nadelholz ist nicht ersetzbar, in: Holzzentralblatt Nr. 18 vom 30.04.2015, S. 391
62 Zum Beispiel hier: https://www.maz-online.de/Brandenburg/Wegen-des-Klimawandels-Pakt-fuer-den-Wald-schliessen
63 Von Koerber, Karl et al.: Titel: Globale Ernährungsgewohnheiten und -trends, München, Berlin 2008, externe Expertise für das WBGU-Hauptgutachten »Welt im Wandel: Zukunftsfähige Bioenergie und nachhaltige Landnutzung«
64 Rock, J. u. Bolte, A.: Welche Baumarten sind für den Aufbau klimastabiler Wälder auf welchen Böden geeignet? Eine Handreichung. https://www.wbvsachsen-anhalt.de/index.php/component/jdownloads/send/14-dokumenteoeffentlich/115-ig-waldbodenschutz-st-rock?option=com_jdownloads
65 Vogel, A.: Rheinbacher Wald in katastrophalem Zustand, https://ga.de/region/voreifel-und-vorgebirge/rheinbach/rheinbacher-wald-in-katastrophalem-zustand_aid-43889517
66 Blattfraß an Baumhasel durch die Breitfüßige Birkenblattwespe, in: AFZ Der Wald, 21.10.2020, https://www.forstpraxis.de/blattfrass-an-baumhasel-durch-die-breitfuessige-birkenblattwespe/?utm_campaign=fp-nl&utm_source=fp-nl&utm_medium=newsletter-link&utm_term=2020-10-23-12&fbclid=IwAR0X84tLDDHuYNs-ZyGIR7uwb7EssQCXPovMiZ1soNrH7oXx6YBaP7GPinA
67 Können Bäume eine schwere Grippe bekommen? Pressemitteilung der Humboldt-Universität zu Berlin vom 06.08.2020, https://idw-online.de/de/news752279
68 Bauhaus pflanzt eine Million Bäume, https://richtiggut.bauhaus.info/1-million-baeume/initiative
69 https://richtiggut.bauhaus.info/1-million-baeume/initiative/faq
70 https://www.sdw.de/ueber-uns/leitbild/leitbild.html
71 https://www.sdw.de/cms/upload/pdf/Pflanzkodex_Bewerbungsbogen.pdf
72 https://growney.de/blog/langfristig-sind-reale-renditen-entscheidend
73 Holzmenge nach 100 Jahren 800 Kubikmeter, davon höchstens 400 Kubikmeter hochwertiges Sägeholz, welches nach Abzug der Ernte- und Verwaltungskosten durchschnittlich 30 €/Kubikmeter bringt, in Summe 12 000 €
74 Dr. Tottewitz, Frank et al.: Streckenstatistik in Deutschland – ein wichtiges Instrument im Wildtiermanagement, https://web.archive.org/web/20191103113631/https://www.jagdverband.de/sites/default/files/1-WILD_PosterGWJF_2016_Jagdstrecke.pdf
75 Dokumentations- und Beratungsstelle des Bundes zum Thema Wolf, https://dbb-wolf.de/Wolfsvorkommen/territorien/zusammenfassung
76 https://www.nabu.de/tiere-und-pflanzen/saeugetiere/wolf/wissen/15572.html
77 Dokumentations- und Beratungsstelle des Bundes zum Thema Wolf, https://www.dbb-wolf.de/mehr/faq/was-ist-ein-territorium-und-wie-gross-ist-es
78 Knauer, F. et al.: Der Wolf kehrt zurück – Bedeutung für die Jagd?, in: Weidwerk Nr. 9/2016, S. 18–21
79 Hoeks, S. et al.: Mechanistic insights into the role of large carnivores for ecosystem structure and functioning, in: Ecography 43, S. 1752–1763, 29.07.2020, doi: 10.1111/ecog.05191
80 Eines von vielen Beispielen: https://www.wald.rlp.de/de/forstamt-trier/angebote/brennholz/10-gruende-mit-holz-zu-heizen/
81 Pretzsch, H.: The course of tree growth. Theory and reality, in: Forest Ecology and Management, Volume 478, 2020, 118508, https://doi.

org/10.1016/j.foreco.2020.118508.

82 Der Wald in Deutschland, ausgewählte Ergebnisse der dritten Bundeswaldinventur, S. 16, Bundesministerium für Ernährung und Landwirtschaft (BMEL), Berlin, April 2016

83 Piovesan, G. et al.: Lessons from the wild: slow but increasing long-term growths allows for maximum longevity in European beech, in: Ecology 100(9):e02737.10.1002/ecy.2737, 2019

84 Frühwald, A. et al.: (2001) Holz – Rohstoff der Zukunft nachhaltig verfügbar und umweltgerecht. Informationsdienst Holz, DGfH e.V. und HOLZABSATZFONDS, Holzbauhandbuch, Reihe 1 Teil 3 Folge 2, 32 S.

85 https://www.fnr.de/fileadmin/allgemein/pdf/broschueren/Handout_Rohstoffmonitoring_Holz_Web_neu.pdf

86 https://www.robinwood.de/blog/aktionstag-wilde-wälder-schützen-nicht-verfeuern

87 Letter from scientists to the EU Parliament regarding forest biomass, 14.01.2018, https://plattform-wald-klima.de/wp-content/uploads/2018/11/Scientist-Letter-on-EU-Forest-Biomass.pdf

88 ClimWood2030, Climate benefits of material substitution by forest biomass and harvested wood products: Perspective 2030, Thünen Report 42, Hamburg, April 2016, S. 106, https://www.thuenen.de/media/publikationen/thuenen-report/Thuenen_Report_42.pdf

89 Klima: Der große Kohlenspeicher, Heinrich Böll Stiftung, 08.01.2015, https://www.boell.de/de/2015/01/08/klima-der-grosse-kohlenspeicher

90 Literaturstudie zum Thema Wasserhaushalt und Forstwirtschaft, Öko-Institut e.V., Berlin, 08.09.2020, S. 12

91 Dean, C. et al.: The overlooked soil carbon under large, old trees, in: Geoderma, Volume 376, 2020, 114541, https://doi.org/10.1016/j.geoderma.2020.114541

92 Soppa, R.: Waldbauern fordern 5 % aus CO2-Abgabe als Anerkennung für die Klimaschutzleistung ihrer Wälder, https://www.forstpraxis.de/waldbauern-fordern-5-aus-co2-abgabe-als-anerkennung-fuer-die-klimaschutzleistung-ihrer-waelder/

93 Für diese Technologie will Elon Musk einen Millionenpreis vergeben, in: Frankfurter Allgemeine Zeitung, 22.01.2021, https://www.faz.net/aktuell/wirtschaft/co2-bindung-elon-musik-vergibt-preis-fuer-diese-technologie-17159260.html

94 Carbon Capture and Storage, Umweltbundesamt, 15.01.2021, https://www.umweltbundesamt.de/themen/wasser/gewaesser/grundwasser/nutzung-belastungen/carbon-capture-storage#grundlegende-informationen

95 VW-Chef Herbert Diess: »Ich wünsche mir eine höhere CO2-Steuer von der Politik«, WiWo, https://www.wiwo.de/unternehmen/industrie/autoindustrie-vw-chef-herbert-diess-ich-wuensche-mir-eine-hoehere-co2-steuer-von-der-politik/25467716.html

96 Ellison, D. et al.: Trees, forests and water: Cool insights for a hot world, Global Environmental Change, Nr. 43/2017, S. 51–61, https://doi.org/10.1016/j.gloenvcha.2017.01.002.

97 Eckert, D.: 150 000 000 000 000 Dollar – der Wert des Waldes schlägt sogar den Aktienmarkt, in: Die Welt, https://www.welt.de/wirtschaft/article212771705/Neue-Studie-Waelder-der-Welt-sind-wervoller-als-der-Aktienmarkt.html?fbclid=IwAR0RCQF1F2mmE7KREGT0rrybT8sVIOrpDpV0f8qW6LHHqa2_0eQBALtP0L0

98 Pressemitteilung des Bundesministeriums für Ernährung und Landwirtschaft, https://bonnsustainabilityportal.de/de/2012/09/bmelv-13-kubikmeter-holzverbrauch-pro-kopf-in-deutschland/

99 Stickstoff im Wald, http://www.fawf.wald-rlp.de/fileadmin/website/fawfseiten/fawf/downloads/WSE/2016/2016_Stickstoff.pdf

100 Etzold, S. et al.: Nitrogen deposition is the most important environmental driver of growth of pure, even-aged and managed European forests. Forest Ecology and Management, 458: 117762 (13 pp.). doi: 10.1016/j.foreco.2019.117762

101 https://www.bmel.de/DE/themen/wald/wald-in-deutschland/wald-trockenheit-klimawandel.html

102 https://de.statista.com/statistik/daten/studie/162378/umfrage/einschlagsmenge-an-fichtenstammholz-seit-1999/

103 http://alf-ku.bayern.de/forstwirtschaft/245181/index.php

104 https://privatwald.fnr.de/foerderung#c39996

105 https://www.waldeigentuemer.de/verband/mitglieder/

106 https://www.abgeordnetenwatch.de/blog/nebentaetigkeiten/das-verdienen-die-abgeordneten-aus-dem-bundestag-nebenbei

107 https://www.waldeigentuemer.de/neustart-beim-insektenschutz/

108 https://www.fnr.de/fnr-struktur-aufgaben-lage/fachagentur-nachwachsende-rohstoffe-fnr

109 https://heizen.fnr.de/heizen-mit-holz/der-brennstoff-holz/

110 https://www.fnr.de/fnr-struktur-aufgaben-lage/fachagentur-nachwachsende-rohstoffe-fnr/mitglieder

111 Dazu die Zeitschrift Ökotest: »Hinter dem PEFC-Label verbirgt sich ein Zertifizierungssystem von Forstindustrie und Waldbesitzerorga nisationen...Kaum eine Umweltorganisation unterstützt das PEFC-Label. Der WWF etwa hält das Waldzertifizierungssystem für »nicht glaubwürdig«, https://www.oekotest.de/freizeit-technik/Waldsterben-Was-jeder-einzelne-dagegen-tun-kann-_11401_1.html

112 https://www.bundeswaldpraemie.de/hintergrund

113 https://www.bundestag.de/mediathek?videoid=7481950&url=L21lZGlhdGhla292ZXJsYXk=&mod=mediathek#url=L21lZGlhdGhla292ZXJsYXk/dmlkZW9pZD03NDgxOTUwJnVybD1MMjFsWkdsaGRHaGxhMjkyWlhKc1lYaz0mbW9kPW1lZGlhdGhlaw==&mod=mediathek

114 Pressemitteilung des Max-Planck-Instituts für Biogeochemie vom 10. Februar 2020, https://www.mpg.de/14452850/nachhaltige-wirtschaftswalder-ein-beitrag-zum-klimaschutz

115 Waldschutz ist besser für Klima als Holznutzung: Studie des Max-Planck-Instituts für Biogeochemie mehrfach widerlegt, Pressemitteilung der Hochschule für nachhaltige Entwicklung Eberswalde vom 10.08.2020

116 Luyssaert, S. et al.: Old-growth forests as global carbon sinks, in: Nature Vol 455, 11.09.2008, S. 213ff.

117 https://www.bgc-jena.mpg.de/bgp/index.php/EmeritusEDS/EmeritusEDS

118 Verseck, K.: Holzmafia in Rumänien – Förster in Gefahr, Spiegelonline vom 01.11.2019, https://www.spiegel.de/panorama/justiz/holzmafia-in-rumaenien-zwei-morde-an-foerstern-a-1294047.html

119 Nationalpark-Verwaltung Hainich (Hrsg.) (2012). Waldentwicklung im Nationalpark Hainich – Ergebnisse der ersten Wiederholung der Waldbiotopkartierung, Waldinventur und der Aufnahme der vegetationskundlichen Dauerbeobachtungsflächen. Schriftenreihe Erforschen, Band 3, Bad Langensalza

120 Schulze, E. D., Sierra, C.A., Egenolf, V., Woerdehoff, R., Irslinger, R., Baldamus, C., Stupak, I. & Spellmann, H. (2020a): The climate change mitigation effect of bioenergy from sustainably managed forests in Central Europe. GCB Bioenergy 12, 186–197, https://doi.org/10.1111/gcbb.12672.

121 Auf der Homepage der HNE nicht mehr verfügbar, dafür bei den Mitautoren der Naturwaldakademie: https://naturwald-akademie.org/

presse/pressemitteilungen/waldschutz-ist-besser-fuer-klima-als-holz-nutzung/
122 https://www.thuenen.de/media/ti/Ueber_uns/Das_Institut/2020-02_Thuenen_Flyer_dt.pdf
123 Unter anderem Tweet vom 8. September 2020, der Account wurde 2021 auf »privat« umgestellt. https://twitter.com/BolteAnd
124 https://www.bmel.de/DE/ministerium/organisation/beiraete/waldpolitik-organisation.html
125 Pressemitteilung (inzwischen geändert) der HNEE https://www.hnee.de/de/Aktuelles/Presseportal/Pressemitteilungen/Waldschutz-ist-besser-fr-das-Klima-als-die-Holznutzung-Diskussionsbeitrag-zur-Studie-des-Max-Planck-Instituts-fr-Biogeochemie-E10806.htm, ursprünglicher Hinweis zum wissenschaftlichen Beirat in der Pressemitteilung auf der Seite der Naturwald Akademie: https://naturwald-akademie.org/presse/pressemitteilungen/waldschutz-ist-besser-fuer-klima-als-holz-nutzung/
126 https://www.carpathia.org
127 Krishen, P.: Introduction, in: The hidden life of trees, Penguin Random House India, 2016
128 Evers, M.: Wie ein Ölkonzern sein Wissen über den Klimawandel geheim hielt, https://www.spiegel.de/spiegel/wie-shell-sein-wissen-ueber-den-klimawandel-geheim-hielt-a-1202889.html
129 Offener Brief an die EU, https://drive.google.com/file/d/0B9HP_Rf4_eHtQUpyLVIzZE8zQWc/view
130 O'Brien, M. und Bringezu, S.: What Is a Sustainable Level of Timber Consumption in the EU: Toward Global and EU Benchmarks for Sustainable Forest Use, https://doi.org/10.3390/su9050812
131 https://de.statista.com/statistik/daten/studie/36202/umfrage/verbrauch-von-erdoel-in-europa/
132 Bundesverfassungsgericht, Urteil vom 31.05.1990, NVwZ 1991, S. 53
133 BVerfG, Beschluss des Zweiten Senats vom 12. Mai 2009 – 2 BvR 743/01 –, Rn. 1–74
134 Bundeskartellamt: Holzverkauf ist keine hoheitliche Aufgabe, https://www.bundeskartellamt.de/SharedDocs/Interviews/DE/Stuttgarter_Ztg_Holzverkauf.html
135 Schmidt, J.: Klage gegen NRW: Sägewerker aus Kreis Olpe machen mit, https://www.wp.de/staedte/kreis-olpe/klage-gegen-nrw-saegewerker-aus-kreis-olpe-machen-mit-id230970318.html
136 Kartellklage gegen Forstministerium Rheinland-Pfalz, in: Forstpraxis, 29.06.2020, https://www.forstpraxis.de/kartellklage-gegen-forstministerium-rheinland-pfalz/
137 Quelle: Homepage des Bundesinformationszentrums Landwirtschaft, https://www.landwirtschaft.de/landwirtschaft-verstehen/wie-arbeiten-foerster-und-pflanzenbauer/was-waechst-auf-deutschlands-feldern
138 Der Ökowald als Baustein einer Klimaschutzstrategie, Gutachten im Auftrag von Greenpeace e.V., https://www.greenpeace.de/sites/www.greenpeace.de/files/publications/20130527-klima-wald-studie.pdf
139 https://www.lwf.bayern.de/mam/cms04/service/dateien/mb-27-kohlen-stoffspeicherung-2.pdf
140 Ausgewählte Ergebnisse der dritten Bundeswaldinventur, https://www.bundeswaldinventur.de/dritte-bundeswaldinventur-2012/rohstoffquelle-wald-holzvorrat-auf-rekordniveau/holzzuwachs-auf-hohem-niveau/
141 https://www.wiwo.de/technologie/green/methan-wie-rinder-dem-klima-schaden/19575014.html
142 https://albert-schweitzer-stiftung.de/aktuell/1-kg-rindfleisch

143 https://www.bmel-statistik.de/ernaehrung-fischerei/versorgungsbilanzen/fleisch/
144 https://www.umweltbundesamt.de/bild/treibhausgas-ausstoss-pro-kopf-in-deutschland-nach
145 https://www.epo.de/index.php?option=com_content&view=article&id=8430:ein-kilo-fleisch-so-klimaschaedlich-wie-1600-kilometer-autofahrt&catid=99:topnews&Itemid=100028
146 https://www.agrarheute.com/politik/niederlande-bieten-ausstiegspraemie-fuer-tierhalter-574652
147 Statistik des Bundesministeriums für Ernährung und Landwirtschaft für das Jahr 2019, https://www.bmel-statistik.de/ernaehrung-fischerei/versorgungsbilanzen/fleisch/
148 Gesetz über den Nationalpark Unteres Odertal, Gesetz- und Verordnungsblatt für das Land Brandenburg, Potsdam, 16.11.2006
149 https://www.wisent-welt.de/artenschutz-projekt
150 Ein 900 Kilo schweres Problem, taz, 24.05.2020, https://taz.de/Wildtiere-im-Rothaargebirge/!5684424/
151 Daudet, F. et al.: Experimental analysis of the role of water and carbon in tree stem diameter variations, in: Journal of Experimental Botany, Vol. 56, Nr. 409, S. 135–144, Januar 2005, doi:10.1093/jxb/eri026
152 Zapater, M. et al.: Evidence of hydraulic lift in a young beech and oak mixed forest using 18 O soil water labelling, DOI: 10.1007/s00468-011-0563-9
153 Dawson, T. E.: Hydraulic lift and water use by plants: implications for water balance, performance and plant-plant interactions, in: Oecologia 95, S. 565–574 (1993). https://doi.org/10.1007/BF00317442
154 Sperber, G. und Panek, N.: Was Aldo Leopold sagen würde, in: Der Holzweg, oekom Verlag, München, 2021
155 https://www.swr.de/swr2/wissen/waldschutz-nehmt-den-foerstern-den-wald-weg-100.html
156 GRÜNE LIGA Sachsen und NUKLA ./. Stadt Leipzig: Beschluss des OVG Bautzen vom 09.06.2020, https://www.grueneliga-sachsen.de/2020/06/gruene-liga-sachsen-und-nukla-stadt-leipzig-beschluss-des-ovg-bautzen-vom-9-6-2020/
157 Clusterstatistik Forst und Holz, Tabellen für das Bundesgebiet und die Länder 2000 bis 2013, Thünen Working Paper 48, Hamburg, Oktober 2015, S. 14
158 Aus dem Kinofilm »Das geheime Leben der Bäume«, Constantin, Januar 2020
159 https://www.hs-rottenburg.net/aktuelles/aktuelle-meldungen/meldungen/aktuell/2021/gemeinsame-erklaerung/
160 Baier, T. und Weiss, M.: Es ist nicht der Wald, der stirbt, es sind die Bäume, in: Stuttgarter Zeitung Nr. 228, 02.10.2020, S. 36, 37
161 https://www.bmu.de/themen/natur-biologische-vielfalt-arten/naturschutz-biologische-vielfalt/gebietsschutz-und-vernetzung/natura-2000/
162 https://wildnisindeutschland.de/warum-wildnis/
163 Symbiotic underground fungi disperse by wind, new study finds, Pressemitteilung der DePaul Universität Chicago, 7. Juli 2020
164 Spörkel, O.: Überraschend hohe Anzahl an Pilzsporen in der Luft, in: Laborpraxis, https://www.laborpraxis.vogel.de/ueberraschend-hohe-anzahl-an-pilzsporen-in-der-luft-a-200852/

樹的韌性

渥雷本帶你認識樹木跨越世代的驚人適應力，與森林調節氣候、重建地球生態系統的契機

Der lange Atem der Bäume: Wie Bäume lernen, mit dem Klimawandel umzugehen– und warum der Wald uns retten wird, wenn wir es zulassen

作　　者　彼得·渥雷本（Peter Wohlleben）
譯　　者　曾鏡穎
美術設計　朱陳毅
校　　對　呂佳真
內頁構成　高巧怡
行銷企劃　林瑀、陳慧敏
行銷統籌　駱漢琦
業務發行　邱紹溢
營運顧問　郭其彬
責任編輯　張貝雯
總 編 輯　周本驥
出　　版　地平線文化／漫遊者文化事業股份有限公司
地　　址　台北市松山區復興北路331號4樓
電　　話　(02) 2715-2022
傳　　真　(02) 2715-2021
服務信箱　service@azothbooks.com
網路書店　www.azothbooks.com
臉　　書　www.facebook.com/azothbooks.read
營運統籌　大雁文化事業股份有限公司
地　　址　台北市松山區復興北路333號11樓之4
劃撥帳號　50022001
戶　　名　漫遊者文化事業股份有限公司
初版一刷　2022年10月
定　　價　台幣450元

ISBN　978-626-95945-2-8

國家圖書館出版品預行編目 (CIP) 資料

樹的韌性：渥雷本帶你認識樹木跨越世代的驚人適應力，與森林調節氣候，重建地球生態系統的契機/ 彼得. 渥雷本(Peter Wohlleben) 著；曾鏡穎譯. -- 初版. -- 臺北市：地平線文化，漫遊者文化事業股份有限公司出版，2022.10
　面；　公分
譯自：Der lange Atem der Bäume : Wie Bäume lernen, mit dem Klimawandel umzugehen – und warum der Wald uns retten wird, wenn wir es zulassen
ISBN 978-626-95945-2-8(平裝)
1.CST: 森林 2.CST: 森林生態學 3.CST: 氣候變遷 4.CST: 調解控制
436　　111013793